図説 鉄道配線探究読本

線路の〝つながり方〟には
なるほど！の理由がある

井上孝司

河出書房新社

配線を読み解けば 鉄道の楽しみがさらに広がる!◉はじめに

ふだん、鉄道を利用していると、
「どうして、こんなノロノロ走ることがあるんだろう?」
「『信号待ち』といって駅間で停まるのはなぜ?」
「乗り換えの際に階段の移動が必要なのはどうして?」
といった疑問に直面することがないだろうか。

同じ「配線」でも、電気配線を乱雑に接続すると、あとになって、何がどうつながっているかわからずに混乱する。一方、鉄道の構内配線・線路配線は、列車の運行や旅客にとっての利便性に対してストレートに影響する。

また、理想的なダイヤを組めなくなったり、スピードアップの妨(さまた)げになったりもする。災害やその他の輸送障害によって平常運行ができなくなったときの、輸送の確保やダイヤの所定回復といった場面でも、配線の良し悪しが大きく影響する。

構内配線の一例。鶴見線の武蔵白石から、隣の安善方面を見る。奥のほうから左手前に抜ける線路は、いわゆる大川支線

ところが、実際に鉄道を建設しようとすると、予算、用地の確保、既存の施設や構造物、過去の歴史的行きがかりなどといった制約要因に直面する。

さらに、ある時点では最善と考えられた配線が、その後の状況の変化によって最善ではなくなることもある。鉄道事業を経済的に成立させるために、余分と考えられた施設を撤去して最低限に抑制したことが、あとになって悪い影響につながることもある。

本書では、実際に存在する配線を引き合いに出しつつ、「こういう配線なので、こういうことになる」「こういう配線なので、こんな工夫をしている」「こういう運行ができるのは、この配線のおかげ」「こういう課題に直面したので、このアイデアで解決した」といった話をまとめてみた。

線路配線と列車運行の関係について、理解を深めていただく一助になれば幸いである。

井上孝司

1章 鉄道配線の基本を知る

2章 配線を見れば鉄道の謎が解ける

4章 配線改良工事の知られざる舞台ウラ

5章 用地の狭さを克服した驚きの配線

6章 消える列車、不思議な経路…線路のミステリー

「鉄道配線」こぼれ話

カバーデザイン◉スタジオ・ファム
カバー写真◉荒木則行/アフロ
本文写真・図版作成◉井上孝司

1章

鉄道配線の基本を知る

「配線」というと、まっ先に想起されるのは電気配線だろう。ところが鉄道の世界で「配線」というと、「線路のつながり方」を意味する言葉になる。ふだん、利用者が意識することはないだろうが、じつは利便性に大きくかかわる重要な要素なのだ。

配線が列車運行に及ぼす影響とは？

とくに鉄道に深い関心を持たない方でも、「単線」と「複線」の区別ぐらいはご存じだろう。普通、鉄道は双方向の運行を行うもので、方向によって「上り」「下り」と呼んで区別している。

その上り列車と下り列車が同じ線路を共用するのが単線、別々の線路を用意するのが複線となる。さらに、同じ方向について複数の線路を用意すると、複々線あるいは三複線と呼ばれる。

鉄道の運行には「折り返し」が必須

さて。車両が無限に湧いて出てくるわけではないから、ある路線において下り列車として運行した車両は、終着駅に着いたら上り列車として折り返さなければならない（もちろん、逆方向も同様）。

単線ならまだわかりやすいが、下り線と上り線が別個に存在する複線の場合、下り線から上り線に移動しなければ折り返しができない。

では、その移動をどうやって実現するか？　それには、下り線と上り線をつなぐ線路が必要になる。それがなければ折り返しができない。

また、下り線と上り線をつなぐ線路がどこにあるかで、折り返しのやり方が違ってくる。詳しい話は後述するが、折り返しのやり方が変われば、利用者にとっての利便性にも影響が生じる。

【図1.1】京王線の笹塚駅で、折り返し用の引上線からホームに進入する様子。到着するホームと出発するホームを分けて、京王線と都営新宿線の列車の向きを合わせている

「追い越し／待避」と配線の関係とは?

次に、配線とスピードの関係。速達性を重視して、主要駅以外は通過する列車を設定する場面は多い。

しかしそうすると、同じ線路を走る列車の間で所要時間に違いが生じるから、どこかで速達列車が先行列車に追いついてしまう。

そこで追い越し(各駅停車の側から見ると待避(たいひ))ができないと、速達列車が頭を押さえられるかたちになってしまい、速達列車ではなくなってしまう。

ということは、待避する列車とそれを追い越す列車と、同一方向で２本の列車が並んで停車できる駅が必要、という話になる。これもまた、線路のつなぎ方に影響する問題となる。

【図1.2】小田原では、「のぞみ」が「ひかり」「こだま」を追い越す場面をしばしば見かける。「のぞみ12本ダイヤ」を支える要因のひとつは、待避可能駅の充実

通過速度と配線の関係とは?

なお、速達列車の側は停車するとは限らず、通過しながら追い越すこともある。ところがそうなると、全速で走りながら通過できるのが最善だ。何か速度を抑えなければならない理由があると、それだけスピードアップの足を引っ張る。

わかりやすい例が分岐器(ぶんきき)(俗にいうポイント)。分岐器の構造により、その分岐器を通過する際に一直線になる場合と、曲線(カーブ)が入る場合がある。

曲線が入れば、通過する際に横揺れを生む原因になるし、速度を抑えられる原因にもなる。曲線があるところにオーバースピードで突っ込んだら、遠心力によって脱線・転覆という事態にもなりかねない。

【図1.3】石北本線の桜岡を通過する特急「オホーツク」(左：通過前、右：通過中)。速度制限を受けないように、ここでは上下列車とも分岐器の直線側を通している

つまり、線路がどうつながっているかというだけでなく、線路と線路をつなぐ場面で設置する分岐器の構造もまた、列車の効率的な運行に影響する。

列車本数と配線の関係とは?

幹線道路ではしばしば、大きな交差点に立体交差を設けている。交差点では、右折・左折するクルマと、まっすぐ通り抜けるクルマがいるが、後者のために立体交差を設ければ、いちいち信号にひっかからない。結果としてクルマの流れが良くなる。

立体交差のほうが流れが良くなるのは、鉄道も同じ。2本の線路が平面交差しており、そこをある列車が通っている間は、他の列車が来ても手前で待たなければならない。

そうしないと衝突事故が起きる。たとえば、本線から支線に出ていく列車、あるいは逆に、支線から本線に合流する列車が平面交差を通っている場合、それが通る間、別の列車を待たせる場面は起こり得る。

列車の本数が少なければ、平面交差でも大した問題にはならない。しかし、列車の本数が多くなると、この平面交差が問題になる。これを業界では「交差支障」というが、えてして増発の妨げになる。だから、平面交差を立体交差に改める改良工事を行い、列車運行の効率を高めた事例がいくつもある。

また、立体交差を取り入れることで利便性の向上につなげた事例もある。具体的な事例については後述する。

【図1.4】阪急の京都本線と千里線が平面交差する淡路。進入しているのは千里線から到着する列車で、これが京都本線を横切っているため、淡路から大阪梅田方への進出ができない

配線の良し悪しは、乗客の利便性にも影響する

とりあえず、「配線と運行の関係」にかんする話はこの

程度にして、話を先に進めたい。

ここまでのところで理解していただきたいのは、「配線の良し悪しは、運行の効率にも、乗客にとっての利便性にも大きく影響する」ということ。そして、平常運行時だけでなく、輸送障害が発生してダイヤが乱れたときの回復力にも、配線の良し悪しは影響する。そんな具体例も、あとでいくつか取り上げてみたい。

ところが、いくら「こういう配線にするのが理想的なんだ」といっても、それをその通りに実現できるとは限らないのだ。

あらゆる状況に対応できる理想的な配線を実現しようとすれば、それだけ用地が多く必要になり、経費も増える。予算には限りがあるから、使えるおカネの範囲内でどうにかしなければならない。また、地形や周辺の建物などの関係で「どうにもならない」こともある。

また、複雑な配線になれば分岐器の数が増えるから、分岐器の維持管理・保守点検に要する経費も増える。これは鉄道の運行を続ける限り、必ず発生するコストだから無視できない。

こうした事情があるため、現実に存在する配線は、「妥協（だきょう）の産物」というところがある。そういう観点から現場を見て「こういう制約があるから、こうやって解決したのか」と知るのも楽しい。

余談だが、鉄道では「運行」と書く。それに対して航空業界では「運航」と書く。航空業界は同じく「運航」と書く海運業界の影響を受けている部分がいろいろあるためだろうか。

配線を設計するときに守られる「大原則」とは？

鉄道に限らず、輸送に携(たずさ)わる者にとっては「安全」が本分。それと同時に、スピードや効率のよさも求められる。すると、鉄道の配線を設計する際には、以下の原則がかかわることになる。

・**安全**
・**高速**
・**高能率**
・**低コスト**
・**利便性**

最後の利便性は、運転する側と利用者のそれぞれに存在する。

先にも触(ふ)れたように、これらの原則には相克(そうこく)が生じる部分もある。安全・高速・高能率・利便性を追求した結果として、多くの用地、多くの設備を必要とすることになり、建設や維持管理のための経費が上がる、といった類(たぐい)の話だ。

しかし、かけられる経費には限りがあるし、使える用地にも限りがある。だから、どこかで妥協しなければならないのが普通である。

どの部分で妥協するか、妥協点をどこに置くかで、当事者は悩むことになる。ときには、後日に大規模な改良工事を余儀なくされることもある。

効率のよさを極めた新幹線の配線

ＪＲでも民鉄線でも、歴史がある路線は往々にして配線が複雑になる。当初はシンプルな配線でスタートしても、増設や改良などによって増えたり減ったり付け替えたりといったプロセスが重なるので、これは致し方ない。

複雑な配線は、鉄道の配線に関心を持つ者から見ると楽しいが、いきなり複雑な配線を取り上げたら理解が難しくなってしまう。

まずはシンプルなところから話を始めよう。

配線略図から、何を読みとることができる？

わかりやすい素材として、新幹線が挙げられる。高速運転が身上（しんじょう）だから効率のよさを意識した配線になっているし、ゼロから設計・建設しているから、シンプルでもある。

最初に、新幹線のなかでも最新となる、2022（令和４）年９月23日に開業した西九州新幹線から話を始めよう。全線で66km足らずしかない短い路線だから、全体像を見渡すにも具合が良い。

次ページ【図1.5】に示すのが、西九州新幹線の配線略図。ただし、車両基地の構内と、保守基地（これらについては後述する）は省略している。

一方で、武雄（たけお）温泉では対面乗り換え相手となる在来線（佐世保線）を足した。

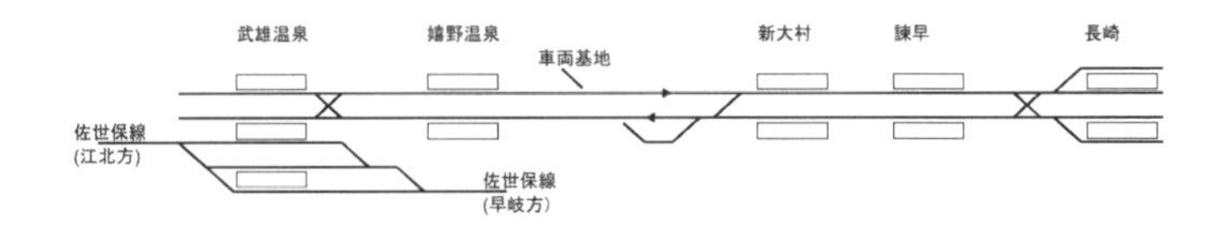

【図1.5】西九州新幹線の配線略図

この図にかかれている情報は、「線路」と「ホーム（プラットフォーム）」のみ。トンネル、曲線の有無や曲線半径、上り・下りの勾配などといった情報は省かれており、「線路がどうつながっているか」「駅のホームと線路の位置関係はどうなっているか」に絞り込んだ内容になっている。「配線だけがわかること」に徹して、その他の情報を略しているわけで、この図が「配線略図」と呼ばれるゆえんだ。ともあれ、この図を見ると以下のことがわかる。

＊途中に追い越し（待避）ができる駅がない

東海道新幹線、山陽新幹線、東北新幹線（東京～盛岡）、上越新幹線は、若干の例外はあるものの、基本的にはどこの駅でも待避ができるように造られている。

しかし、その後に建設された、あるいは建設している新幹線では、待避できる駅の数を絞っている。想定する需要と列車の運行本数に基づき、駅設備をシンプル化することで経費を抑えているわけで、西九州新幹線も例外ではない。

＊上り線と下り線の間で行き来ができる場所は3か所のみ

両端の武雄温泉と長崎は当然だが、途中駅での折り返しは基本的に想定されていないのだと読める。

新大村(しんおおむら)で上り線と下り線がつながっているのは、どちらからでも車両基地に出入りできるようにするためだ。

＊長崎以外の駅では、ホームはすべて本線の外側に設けられている

地下鉄では、下り線と上り線の間にホームを設けて、1面のホームで上下双方を兼(か)ねるかたち、いわゆる島式ホームが多い。ところが新幹線では対照的に、島式ホーム1面のみの事例が極めて少ない。

2023（令和5）年の時点で唯一の事例が東海道新幹線の三島(みしま)だが、北陸新幹線が2024（令和6）年3月に延長開業すると、これに福井が加わる。ただし、三島は外側に通過線を設けているが、福井にはない。

＊西九州新幹線と佐世保線の対面乗り換えが可能なホームは1面だけ

このため、対面乗り換えの対象となる列車は、このホームの両面に着ける必要がある。

計算しつくされた駅やホームの配置

では、こうした事情が列車運行にどう影響するか。

まず、途中駅で待避ができないから、速達列車の設定を制約する原因になっている。

もっとも西九州新幹線の場合、大半の列車は全駅停車であり、それでも武雄温泉〜長崎間を30分前後で走ってしまう。新大村や嬉野(うれしの)温泉を通過する列車はあるが、それによる所要時間の短縮効果は1駅につき数分程度。

そして、距離が短いうえに毎時１～２本程度の運行だから、速達列車が途中で先行列車に追いつくようなことは起こらない。それで需要に対応できるのであれば、おカネをかけて途中に待避可能駅を設ける理由は乏しいわけだ。

ただし、計画通りにフル規格で武雄温泉～新鳥栖間を延伸すると、途中に待避可能駅を設ける必要があるだろう。

次に、ホームの位置。上下線間に島式ホームを設ける場合、ホームを設置するスペースを確保しなければならないので、駅の前後で本線の線路にカーブができてしまう。それに対して、本線の外側にホームを沿わせる、いわゆる対向式ホームでは、本線はストレートになる。

通過列車の立場から見れば、本線がストレートになっていると減速する必要がないから、所要時間の延びを回避できる。島式ホームを挟んでいると、駅を通過する際に減速しなければならないので、所要時間が延びる。

そして、武雄温泉駅での対面乗り換え。対面乗り換えができるホームは１面だけで、新幹線側が11番線、在来線側が３番線と呼ばれる。在来線の「リレーかもめ」は３番線、それとペアを組む新幹線の「かもめ」は11番線に発着して、原則を守っている。

11番線に着いた上り「かもめ」は、乗客を降ろしたあとで車内整備を行い、次の下り「リレーかもめ」で到着した乗客を乗せて出発する。つまり、このホームは上下線の両方を兼ねている。

西九州新幹線のホームはもうひとつ、12番線もあるが、そちらは平素は使用していない。

円滑な運行に欠かせない車両基地

「大村車両基地」は建設時の名称で、現在の組織としては「熊本総合車両所 大村車両管理室」だが、それでは長い。そこで、ここでは「大村車両基地」と表記する。

その大村車両基地は新大村駅の北方にあり、上り線から分岐するかたちで、出入りのための線路が設けられている。

しかし上り線にしかつながっていないのでは具合が悪いので、その分岐と新大村駅の間に、上下線間を結ぶ線路、すなわち渡り線を設けている。

時刻表を見るとわかるが、西九州新幹線の列車は大半が武雄温泉～長崎間の運転で、朝の下りで「新大村→長崎」、夜の上りで「長崎→新大村」の設定があるのみ。一部区間だけを運転するので、これを「区間運転」という。

夜間は原則として、検査のために車両を車両基地に戻す必要があるので、それは朝晩に行っている。

そして、朝の「新大村→長崎」で使用する列車は、大村車両基地から出庫して、上り線との合流から渡り線までの間で上り線を逆行する。渡り線を通って下り線に入ったら、そのまま新大村駅の下りホームに着けて、そこで乗客を乗せて出発する。だから、大村車両基地から出庫する車両がいると、それが上り線を横断している間、上り列車は新大村駅から出発できない。

一方、夜の「長崎→新大村」で使用する列車は、新大村に着いて乗客を降ろしたら、さらに北上したところで本線から外れて、大村車両基地に入る。こちらは下り列車と支障することはない。

配線にかんする基本用語を知る

といったところで、配線や配線略図の分野で頻出(ひんしゅつ)する用語についてまとめておく。

線路の使い方と駅にかんする用語

まず、線路につけられる名称や、いわゆる駅に関連する用語から。

＊**単線**……双方向の列車が同じ線路を共用する形態。

＊**複線**……列車の方向ごとに専用の線路を用意する形態。

＊**単線並列**……単線を２本並べて、どちらの線路も双方向の行き来を可能にした形態。

＊**複々線**……複線を複数並べた形態。２組なら複線、３組なら三複線という。

＊**本線と副本線**……列車の運転に際して常用する、主たる線路のことを本線という。同一方向で使用する線路が複数ある場合、そのうち主に使用するものを本線、それ以外を副本線という。

＊**引上線**(ひきあげ)……駅に到着した列車を取り込んで、反対方向に向けて出発させるために送り出す、折り返し・一時待機のための線。

＊**渡り線**……並んでいる２本ないしはそれ以上の線路をつないで、行き来を可能とするために設けられた線路。

【図1.6】単線並列の一例、奥羽本線の神宮寺〜峰吉川間。写真では、右の線路は標準軌で秋田新幹線の「こまち」が走る

【図1.7】図1.6と同じ場所・同じ向きでの撮影。左側の線路は三線軌で、標準軌の車両も狭軌の車両も走ることができる。写っているのは狭軌用の701系

*＊***連絡線**……離れた場所にある線路同士をつないで、行き来を可能とするために設けられた線路。

＊**停車場と停留所**……これは信号システム上の違いで、駅の前後に場内信号機と出発信号機を設けているかどうかが問題になる。これらを設けていない、単に本線に沿ってホームを設けて乗降可能にしただけの施設を停留所という。

＊**駅と信号場**……旅客や貨物の取り扱いが可能な施設は駅だが、待避や交換（行き違い）といった運転取り扱いだけを行う施設は信号場という。ただし、信号場でも旅客取り扱いを行う例外が出現することもある。

分岐器にかんする用語

線路と線路をつないで、それぞれの間で行き来できるようにするためには、進路を切り替えるしかけが必要になる。

それを実現するのが分岐器、俗にいうポイントだが、厳密にいうとポイントとは進路を転換する部分だけを指し、分岐器全体はスイッチという。その分岐器には、いろいろな種類がある。

＊**片開き分岐器**……直線から枝分かれする形の分岐器。枝分かれして分岐する側だけが曲線になる。

＊**両開き分岐器**……直線からY型に枝分かれする分岐器。どちらの側も曲線になる。左右の分岐の角度は同じ。

＊**振分（ふりわけ）分岐器**……直線からY型に枝分かれする分岐器。どちらの側も曲線になる。左右の分岐の角度が異なるのが両開き分岐器との違い。

＊**複分岐器**……両開き分岐器や振分分岐器は同じ位置から左右に枝分かれするが、枝分かれする位置が左右で少しずれているものを複分岐器という。

＊**三枝分岐器**……直線から左右に枝分かれする分岐器。左右に枝分かれする分岐が曲線になる。

＊**シーサスクロッシング**……シーサスとも。それぞれ向きが反対になる片開き分岐器を同じ場所に重ねてX型としたもの。片開き分岐器を縦(たて)に並べるより場所をとらない。

＊**内方分岐器**……曲線の内側に、さらに枝分かれさせる形の分岐器。

＊**外方分岐器**……曲線の外側に枝分かれさせる形の分岐器。曲線の途中で反対方向に向かう曲線(反向(はんこう)曲線)が入るので、左右の揺れが大きくなる原因を作りやすい。できれば避けたい形態。

＊**クロッシング**……レールとレールが交差する部分に設置する部材、あるいは交差部分の総称。

＊**スリップ**……クロッシングに可動部分とレールを追加して、交差する線路同士の渡りを可能にしたもの。片側だけ渡れるシングルスリップスイッチと、両側とも渡れるようにしたダブルスリップスイッチがある。

＊**番数**……分岐器で分かれる線路同士の中心線間隔が1メートル離れるまでに、何メートルの移動距離を必要とするかを示す数字。10mなら「10番」と呼ぶ。

＊**転轍器(てんてつき)**……分岐器で進路を転換するためには可動するレールが必要だが、そのレールを動かす装置のこと。

ちなみに、分岐器を切り替えて構成する車両の走行経路を「進路」という。飛行機や船は方位で示す「針路」だが、鉄道では読みが同じでも字が違う。

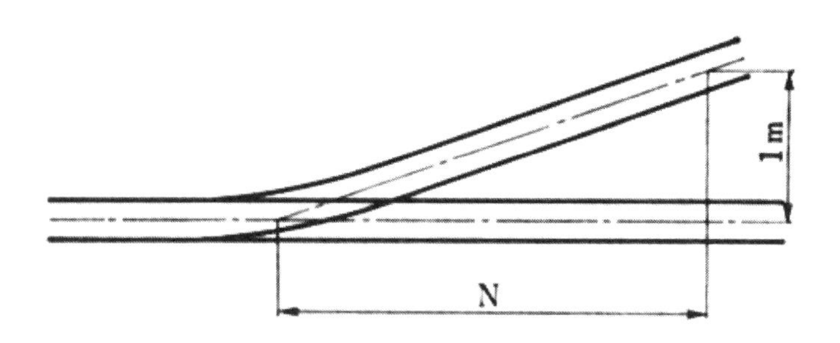

【図1.8】図のNに相当する値、つまり中心線間隔が1メートル離れるまでに分岐点から何メートル移動するかで、分岐器の番数が決まる

	片開き	両開き（電車・気動車）	両開き（機関車牽引）
8番	25km/h	40km/h	40km/h
10番	35km/h	50km/h	50km/h
12番	45km/h	60km/h	60km/h
14番	50km/h	70km/h	70km/h
16番	60km/h	75km/h	80km/h
20番	70km/h	90km/h	90km/h

【表1.1】分岐器で分岐側に課せられる速度制限の例。番数が大きい分岐器ほど、速度制限は緩くなる

プラットホームにかんする用語

レールの上を走る車両に旅客が乗降する際には、プラットホーム（略してホーム）が必要になる。車両の床面は地面よりも高い位置にあり、その段差をカバーする必要があるためだ。

ヨーロッパではプラットホームの高さが低い事例が多いが、日本では車両の床面高に近い高さを備えるのが一般的。そのプラットホームと線路の位置関係から、いろいろな用語ができた。

＊**片面ホーム**……プラットホームの片側だけが線路に面した構造。単式ホームということもある。

＊**島式ホーム**……２本の線路に挟(はさ)まれたプラットホーム。線路を海に見立てると、その間に島ができたように見えるためか。

＊**相対式ホーム（対向式ホーム）**……複線区間で、線路の外側にそれぞれ片面ホームを設けた形態。プラットホーム同士が向かい合う形になるのが名称の由来。

＊**頭端式ホーム（櫛形ホーム）**……プラットホームの形が櫛(くし)の歯と同じようになっていて、そこに行き止まりの線路を突っ込む形態。上野駅の地上ホーム（13〜17番線）が典型例だが、私鉄のターミナル駅でも事例が多い。

＊**切り欠きホーム**……ホームの端部(たんぶ)を切り欠いて、１線分のホームを追加で設ける形態。普通、片面ホームなら１面で１線、島式ホームなら１面で２線だが、切り欠きホームを設けると、さらに数を増やせる。

あまり事例は多くないが、両端に切り欠きホームを設ければ２線増やせる。ただし、元のホームに十分な長さと幅員が必要になるほか、切り欠きホームはあまり長さをとれない。

＊**乗降分離**……１本の線路の両側にプラットホームを設けて、片方を降車専用、他方を乗車専用とする形態。私鉄のターミナル駅などで導入事例が多い。降車する旅客と乗車する旅客を分離できるので、両者が交錯する事態を避けられる利点がある。

＊**棒線駅**……本線沿いにホームを設けただけで、単線区間であれば交換（行き違い）、複線区間であれば待避ができない構造の駅。前述の停留所は必然的に棒線駅になる。

以上のような用語を押さえておけば、次章以降の解説がより楽しめるはずだ。

2章

配線を見れば鉄道の謎が解ける

鉄道を利用していると、さまざまな疑問に出くわす。たとえば、「なぜ、上り・下りでホームが違う？」であったり、「運行見合わせの範囲が、やたらと広いのはどうして？」といった具合。これらの疑問には、往々にして配線がかかわっている。

「途中駅止まり」の列車はどのように折り返していく？

多くの路線で見られることだが、輸送需要の多寡に応じて列車の本数を加減するために、「途中駅止まり」の列車を設定することがある。

たとえば京浜東北線では、もっとも運行本数が多いのは上野〜蒲田間。南行なら「蒲田行き」「鶴見行き」「東神奈川行き」「桜木町行き」「磯子行き」が、北行なら「上野行き」「東十条行き」「赤羽行き」「南浦和行き」が挟まり、これらの駅を境にして運転本数が減っていく。

【図2.1】京浜東北線の全列車が大宮〜大船間を走るわけではない。写真では、左の北行電車は途中の南浦和止まり

では、途中駅に到着した列車はどうなるかというと、そこで車庫に入ったり、反対方向に折り返したりする。もっ

とも運行本数が多い朝のラッシュが終わったあとには、入庫が多くなる。そして日中は休ませたり、検査を済ませたりする。それが夕方になると出庫し、再び運行に加わる。

では、途中駅に到着した列車が反対方向に折り返すときの理想的なかたちは、どういうものだろうか。

後続列車にスムーズに乗り換えられない…

途中駅止まりの列車に乗っているすべての乗客が、その途中駅ないしは、それより手前で降りるとは限らない。「もっと先まで行きたい」という場面もあるだろう。

すると、後続の列車に乗り換える必要がある。その場合、終着駅では後続の列車と同じホームに着けてくれるほうがありがたい。

たとえば、京浜東北線の北行・南浦和行きに乗っている場合。終着の南浦和で北行のホームに到着すれば、あとから来る北行の大宮行きにスムーズに乗り換えられる。

ところがそうすると、反対の方向で問題が生じる。北行ホームに着いた列車がそのまま反対方向に向けて折り返す場合、北行ホームから南行列車が出ることになるからだ。

それでは、南浦和駅で南行列車を利用する乗客が混乱する。列車によって、出るホームが違ってしまうからだ。そのためか、南浦和止まりの北行列車は南行ホームに着けるようにしている。

すると「あちら立てればこちらが立たず」で、北行の南浦和行きに乗って到着した乗客は、南行ホームに降ろされてしまう。そのため、隣の北行ホームに移動しなければならない。

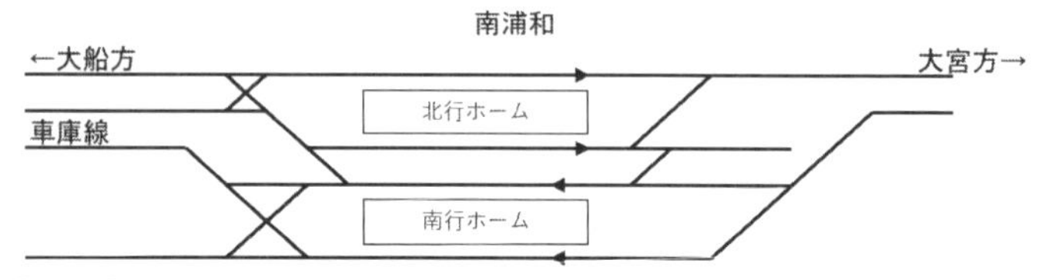

【図2.2】南浦和駅の配線略図。南浦和止まりの列車は多数が設定されているが、それを北行ホームに着けるか南行ホームに着けるかで、どちらの方向の利便性が向上するかが決まる

ひとつ手前の駅での乗り換えで不便を解消

その不便を解消するため、北行列車では南浦和よりひとつ手前の蕨(わらび)に到着するところで、「南浦和より先までお越しのお客様は、蕨で後続の大宮行きにお乗り換えを」という車内放送を行っている。

蕨は島式ホームが１面だけで、その片側が北行、他方が南行という使い分け。南浦和行きだろうが大宮行きだろうが同じホームに発着するので、乗り換えのためのホーム間移動は要らない。

これと同じことが、中央総武緩行線(かんこうせん)・千葉方面行きの東船橋でも行われている。こちらで問題になるのは津田沼(つだぬま)だ。津田沼行きの列車は津田沼で中野方面行きのホームに着けるため、先の南浦和と同じ問題が発生する。

そこで、津田沼よりも先まで行く乗客に対しては、ひとつ手前の東船橋で降りて後続の千葉行きに乗り換えるように勧(すす)めるわけだ。

「中線」があればホームの両面使用が可能に

同じ京浜東北線でも、蒲田ではこうした問題は起こらない。というのは、島式ホーム２面４線で北行と南行が画然（かくぜん）と分かれている南浦和と違い、蒲田は島式ホーム２面３線で、中間の１線（いわゆる中線（なかせん））は両方ともホームに面しているからだ。

だから、蒲田止まりの列車は中線に着けて、まず南行ホームに面した側の扉を開ける。そして降車が完了したら、反対側の北行ホームに面した側の扉を開ける。

こうすれば、南行で蒲田より先に行く乗客は、同じホームの向かい側にやってくる後続列車に乗り換えればいい。また「北行列車は必ず北行ホームから出る」という案内ができる。

同じような構造になっている駅として、京浜東北線の東十条や桜木町、都営地下鉄新宿線の岩本町（いわもとちょう）、東急・相鉄新横浜線の新横浜などがある。

ただし、これらの駅のうち、桜木町の中線は行き止まりになっていて、大宮方からしか出入りできない。だから、たとえば「大船～桜木町間の折り返し運転」はできない。

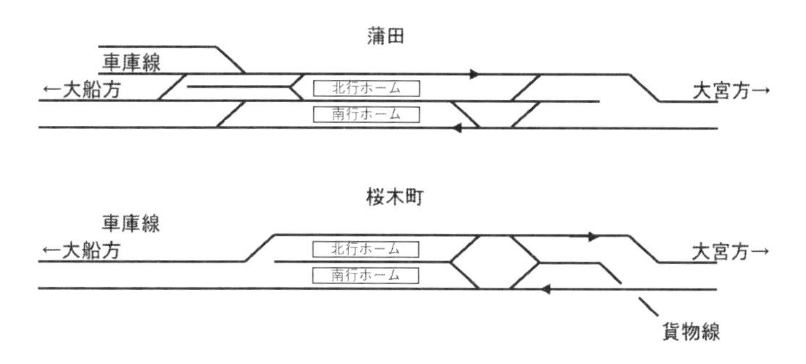

【図2.3】蒲田と桜木町の配線略図。どちらも、これらの駅で折り返す列車は両面にホームがある中線に着ける

このほか、阪神本線の神戸三宮（さんのみや）のように、大改良工事を実施して、神戸三宮止まりの列車が着く線を上下線間に挟まれた位置に変えた事例もある。

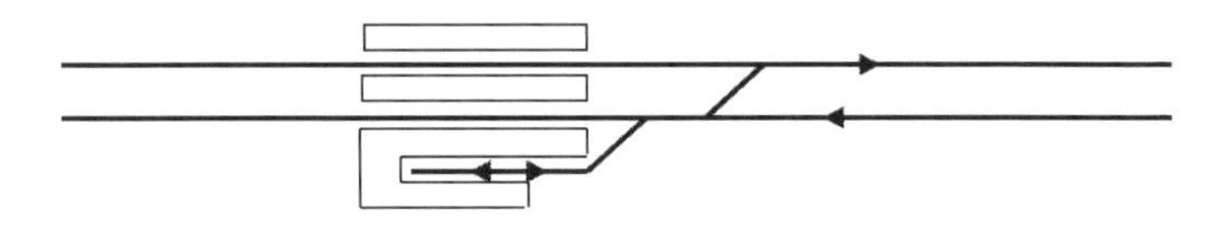

【図2.4】改良前の神戸三宮（阪神本線）

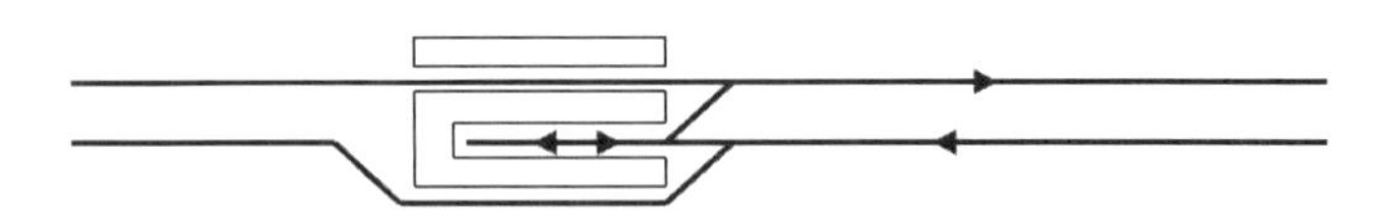

【図2.5】改良工事を実施したあとの神戸三宮。中線と下り本線を入れ替えた様子がわかる

ただし、中線で折り返す方法にも、ひとつ問題がある。折り返しを行うということは進行方向が逆になるということだから、運転士と車掌はそれぞれ、反対側の端（はし）まで移動しなければならない。

京浜東北線なら10両編成だから、編成長は約200mある。そこを徒歩で端から端まで移動するだけで、３分かそこらはかかってしまう。

さらに、出発準備を整えるにも時間がかかる。運転間隔に余裕があればいいが、折り返す列車が次々に到着すると、そういうわけにもいかなくなる。その間、ホームを塞（ふさ）いだままでは具合が悪いということも起こり得る。

「途中駅止まり」の列車を効率的に折り返すには?

そこで登場するのが引上線。到着した列車は、乗客をすべて降ろしたあとで、その先にある引上線に移動する。そこで停車して、運転士と車掌は反対側に移動して出発準備を整える。

降車が済んだところで直ちに引上線に移動すればホームは空くから、そこに後続の列車を受け入れられる。

折り返しのために引上線を設ける

京浜東北線つながりで事例を探すと、鶴見が該当する。南行の鶴見行きが大宮方から到着したら、降車完了後に大船方に2線ある引上線に取り込む。

そして乗務員の移動と出発準備を済ませたら、今度は北行ホームに着けて乗車、出発となる。

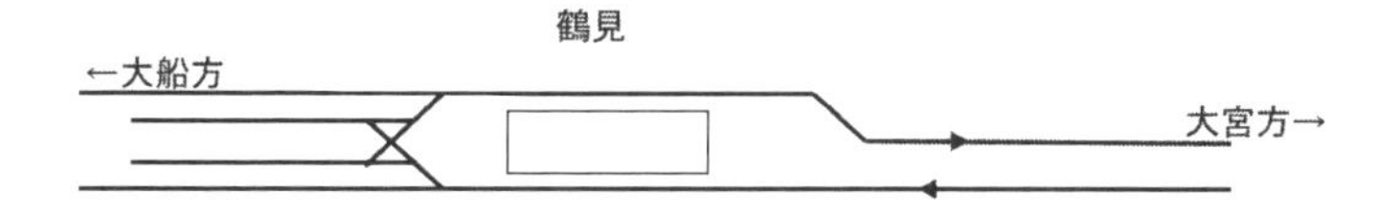

【図2.6】京浜東北線の鶴見は、折り返し列車のために引上線を設けた駅の基本パターンといえる配線

鶴見のように島式1面2線の場合、じつは、到着したホームからそのまま折り返す方法も使える理屈となる。鶴見

には存在しないが、折り返して進出するほうに渡り線がひとつあればよい。

ただし、この方法には難点もある。まず、ホームの番線ごとに列車が出る方向を統一できなくなる。

次に、ホームに着けたままで折り返すと、前述した事情から折り返しに時間がかかり、その間、ホームを塞いでしまう。だから、引上線を設けるほうが合理的ではある。

待避可能な駅と引上線を組み合わせる

小田急小田原線の本厚木は、2面4線の待避可能駅に引上線を組み合わせた構成。たとえば、新宿方面から到着した本厚木行きの列車は1番線(**【図2.7】**では下端)に着けて、乗客を降ろす。

その後、小田原方にある引上線に入れ、そこで方向転換を済ませて4番線(図では上端)に着ける。ただし1番線到着・4番線出発となった場合、引上線から出入りする際に中間の2番線(下り本線)または3番線(上り本線)を横断することになり、どちらにしても本線を塞いでしまう。

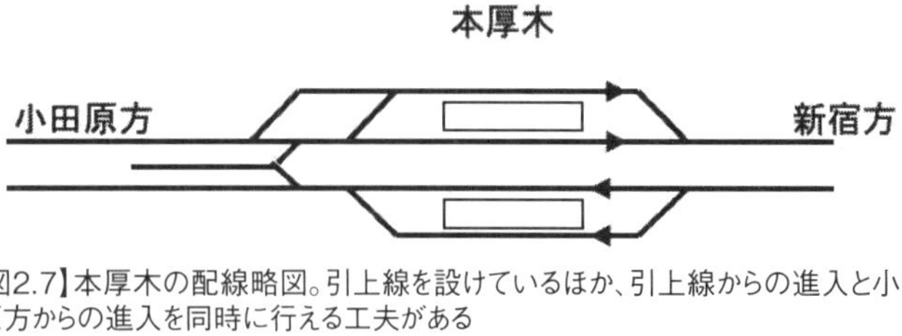

本厚木

小田原方

新宿方

【図2.7】本厚木の配線略図。引上線を設けているほか、引上線からの進入と小田原方からの進入を同時に行える工夫がある

そこで着目したいのが上り線側。引上線と上り本線が合流する地点よりも小田原方に、もうひとつ分岐があり、そ

こから４番線につながっている。こうすると、小田原方から到着した列車が４番線に進入するのと平行して、引上線から３番線に進入できるようになり、支障の要因がひとつ減る。

一方、同じ「待避可能駅と引上線の組み合わせ」でも、引上線の位置が違うのが、東武東上線の成増（なります）。ここは寄居（よりい）方に引上線があり、池袋方から到着した成増止まりの列車が折り返す際に使用する。

ところがこの引上線、上下線の間ではなく、下り線のさらに外側にある。下り線から進入する分には特段の支障はないが、引上線から上り線に着ける際には、下り線と上り線の両方を横断することになってしまう。

そこで、引上線から進入できる上り線は内側の線路に限定して、外側の線路は引上線よりも手前で分岐させる配線になっている。

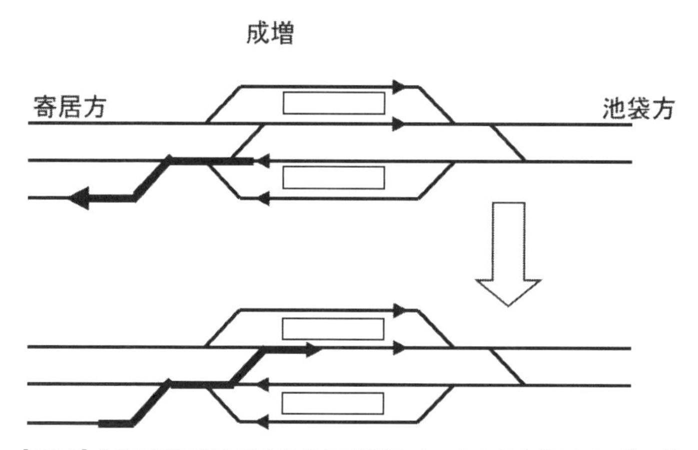

【図2.8】成増の配線略図。引上線が上下線間にないので、引上線から上り線に着ける際には下り線まで支障してしまう

これなら、引上線から上り線に着ける列車と、寄居方から上り線に着ける列車の進入は干渉しない。下り線の横断による支障だけはいかんともしがたいが。

折り返しを「内側の線」で行う

本厚木は内側２線が本線だから、引上線からの出入りと本線が支障する問題が出てくる。

「それなら、外側２線を本線にしたら？」というアイデアが出てくる。これは、地下鉄が終端（しゅうたん）駅で他線と合流して、そこで相互直通運転を行う場面で、しばしば見られるパターン。

具体例として、京王線の笹塚（ささづか）を見てみる。ここは新宿方で、京王線の上下線間に京王新線が割り込んでくる。

だから、相互乗り入れの対象となる都営新宿線～京王新線系統の列車は、中間２線に着発する。笹塚止まりなら、降車完了後は京王八王子方にある引上線に取り込む。京王線に直通する場合には、京王八王子方にある渡り線を通って京王線に入る。

ただし、上り線については、ふたつの進路を確保している。まず、ベーシックな方法は京王八王子方で渡り線に入り、３番線（次ページ**【図2.9】**では上から２線目）に着ける方法。

しかし、新宿方にシーサスクロッシング（27ページ参照）があるので、４番線に発着する上り列車を、そのシーサスクロッシングを通して京王新線に渡らせることもできる理屈だ。

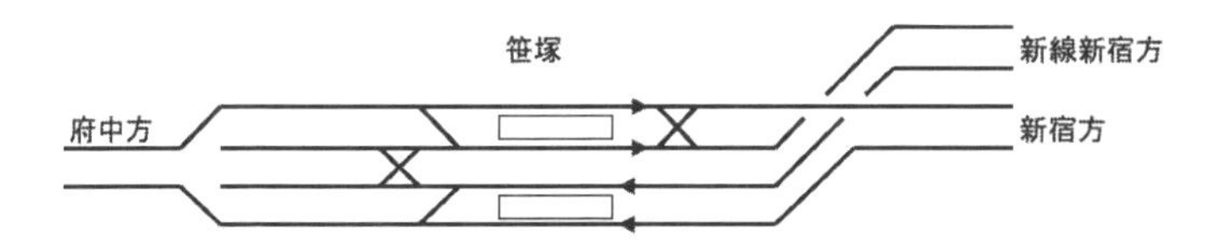

【図2.9】笹塚駅の配線略図。地下鉄が近郊私鉄と接続する駅の典型で、地下鉄を内側に抱き込むとともに、駅の反対側には折り返し用の引上線を設けている

【図2.10】笹塚駅の3番線は都営新宿線の出発側で、京王線の上り列車が対面に発着する。左の奥のほうを見ると、到着した笹塚止まりの車両が引上線に転線している

笹塚では、新宿方に面白い見どころがある。京王線の下り線と京王新線の上下線は地下で合流しており、同じトンネル開口（かいこう）から３線が並んで地上に出てくる。

ところが京王線の上り線だけは異なるルートで、このトンネル開口よりも新宿方まで320mぐらい単独で地上を走り、それからトンネルに入る。

つまり、京王線の上下線で段差ができている。京王新線が京王線の上り線をくぐって甲州街道の下に入るため、こうする必要があったわけだ。

そして､京王線の上り線だけが地上に出ている区間には､ひとつ、小さな踏切がある。そこから50mほど新宿方に行くと跨線橋（こせんきょう）もあり、ここは京王線の上り線と富士山をワンセットで写真に収められるポイントとして有名だ｡冬場で､しかも空気が澄んでいる晴れの日に限られるが。

内側にある2線を車両基地につなぐ

内側の２線を引上線ではなく、そのまま延ばして車両基地につないでいる事例もある。一例として、福岡市営地下鉄空港線の姪浜（めいのはま）を挙げる。

ここは筥塚と違い、空港線単独の終端駅で、それがそのままＪＲの筑肥（ちくひ）線につながっている｡駅は２面４線構成で､福岡空港方から到着した列車は２線ある線路のどちらにも着けられる。

わかりやすさという観点からすれば、姪浜止まりあるいは姪浜始発の列車は内側２線、筑肥線に直通する列車は外側２線に着けるのが合理的となる。

そして、内側２線は福岡空港方と西唐津（にしからつ）方の両方にシーサスクロッシングがある。だから、福岡空港方のシーサスクロッシングを渡って直に反対方向のホームに着ける使い方も、西唐津方のシーサスクロッシングを使って車両基地への入出庫線を引上線の代わりに使う運用も可能な理屈となる。

ただし実際のところ、入出庫線が高架から下るための下り勾配にかかる位置が駅に近いため、入出庫線を引上線の代わりにするのは難しいかもしれない。

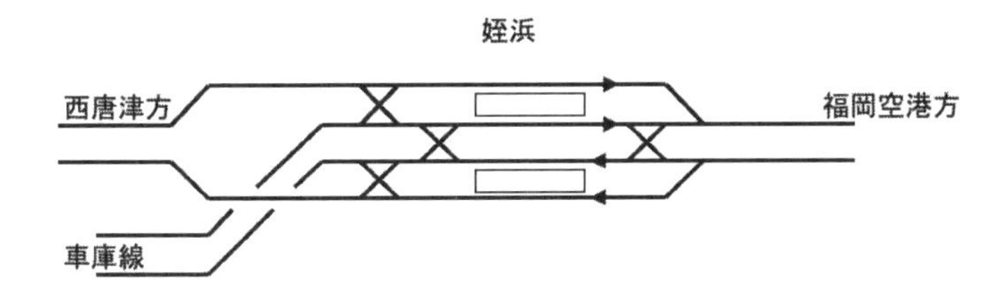

【図2.11】筑肥線の姪浜は2面4線構成で、姪浜止まりの地下鉄線内列車と、さらに筑肥線に直通する列車でホームを使い分けられる設計

それであれば、いったん車庫まで取り込んでしまえという話になり得る。

似たような事例で東急田園都市線の長津田(ながつた)もある。ここは駅が東西方向を向く配置で、南側にＪＲ横浜線が隣接している。そして駅から西方に地平で直進すると車両基地に入る。

一方、中央林間(ちゅうおうりんかん)に向かう本線はその左右で高度を上げてから南に曲がり、横浜線(と、上り線は車両基地への入出庫線)を乗り越している。

なお、東急の長津田は、もともと横浜線の駅があるところにあとから加わったため、本線から左右に広がるのではなく、用地が北側に向けて一方的に広がるかたちになっている。それが配線にも影響しており、下り線の側は比較的直線的だが、上り線の側は分岐が多い。

なお、東急とＪＲの線路をつなぐ線路が１本あり、東急で使用する車両の搬入・搬出ルートとして使われている。

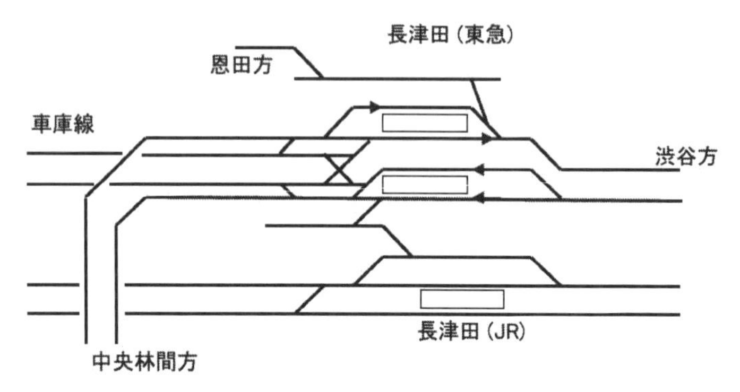

【図2.12】長津田も基本的な考え方は似ている。ただし、東急こどもの国線への分岐と、JR長津田駅につながる線路（車両の搬出・搬入に使う）が加わる分だけ、こちらのほうが複雑

本線上で折り返しを行う

本来なら、折り返しのために専用の引上線を用意するのが理想だが、引上線の代わりに本線上折り返しを行う事例もある。つまり、駅からその先の本線に出ていったところで停車して方向転換、渡り線を通って反対側の線路に来るかたちだ。

引上線を設置するための場所がない、あるいはそこまでするほど列車の運行本数が多くない、といった理由が考えられる。本線を長く塞いでしまうから、運行本数が多くなると避けたい方法ではある。

たとえば、小田急小田原線では、新松田（しんまつだ）〜小田原間を走る各駅停車が、過去に本線上折り返しを実施していた。

これは、新松田に到着したあとで方向転換して渡り線を通り、下り本線に転線。そこでもう一度方向転換して、下り副本線に入線するというもの。下りホームに着けたら乗客を乗せて、また方向転換して小田原に向けて出発するわけだ。当時、急行が小田原～新松田間の途中駅を通過していたため、別途、各駅停車が必要になったのだ。

しかしその後、小田原方に引上線を新設した。本来なら新宿方に引上線を設置するほうがよいのだが、御殿場(ごてんば)線の橋脚が邪魔をしたため、こうしたようだ。なお、同じように上り列車が折り返しを行っている町田では、新宿方に引上線が設けられている。

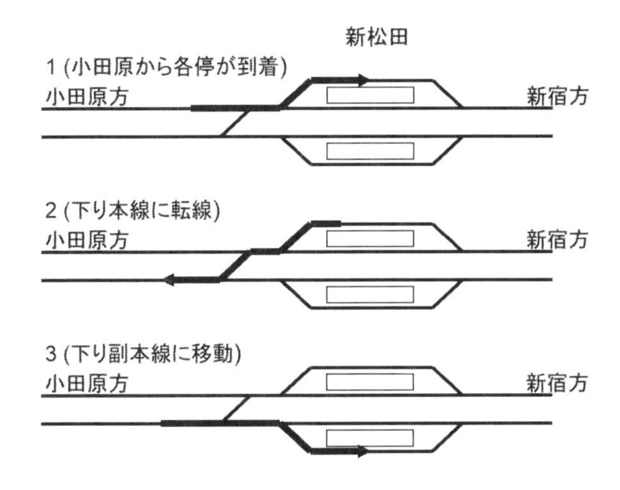

【図2.13】新松田で過去に行っていた、Z字型の折り返し運転

このほか、現在は地下駅となった京王線の調布(ちょうふ)が地上にあったときにも本線上折り返しを実施していた。調布は京王線と相模原線の分岐駅。調布行きの相模原線上り各駅停車が到着すると、降車完了後に新宿方の本線まで引き上げて、そこで折り返して下り副本線に入るかたちだ。

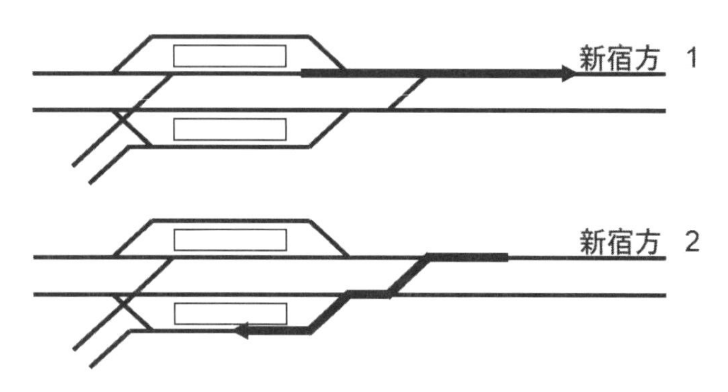

【図2.14】調布で過去に行っていた、相模原線各駅停車の折り返し運転

【図2.15】まず、調布に到着した上りの各駅停車が、降車後にそのまま上り本線に進出

【図2.16】そこで運転士と車掌が反対側に移動して方向転換。前部標識灯が点灯して、こちらに向かってくるとわかる。この間、上り本線は塞いだままで、さらに下り本線にも列車が来ている

【図2.17】下り本線の列車を待たせるかたちで、先に上り本線から1番線に進入する

本数が少ない路線や駅なら、気兼(きが)ねなく（？）本線上折り返しができる。筆者が目撃した事例だと、津軽線の蟹田(かにた)がある。

ホームと並んだ位置にある側線に留置されていた車両をホームに着ける際に、いったん南方の本線上に出して、そこで折り返していた。

【図2.18】蟹田で、側線に留置していた車両をいったん、青森方の本線に出した状態。ここで方向転換してホームに着けた

「途中駅止まり」の列車が ひとつ先の駅で折り返す謎

普通、引上線は折り返し運転を行う駅の構内に設けるものだが、ときにはもっとスケールが大きい(?)事例がある。つまり、「隣の駅まで行ってから折り返してくる」かたちだ。

「1駅2役」をこなすガーラ湯沢駅

比較的珍しいところで、外側の線からだけ引上線に入れるようにした事例がある。もっとも、これを引上線と呼ぶのか、それとも分岐線と呼ぶのかでは、議論が残るかもしれない。それが上越新幹線の越後湯沢とガーラ湯沢の関係。

もともと、ガーラ湯沢駅の場所には留置線と保守基地があった。越後湯沢は中間の２線を通過線として、その外側に１面２線の島式ホームを持つ副本線を並べた大規模な駅だ。下りの２線が11番線と12番線、上りの２線が13番線と14番線である。

その副本線から新潟方に線路を延ばすとともに高度を下げて、保守基地につないだ。その過程で、下り線から分岐した線路は本線をアンダークロスしている。その保守基地兼留置線に、あとからガーラ湯沢の駅を開設した。

じつはこの駅、越後湯沢止まりの列車が越後湯沢始発の列車として折り返すための引上線としても機能している。

通年でガーラ湯沢に取り込むダイヤを組んでおけば、スキー場が営業しているときには「ガーラ湯沢行き」、営業していないときには「越後湯沢行き、ただしガーラ湯沢に引き上げて車内整備」と使い分けられる。

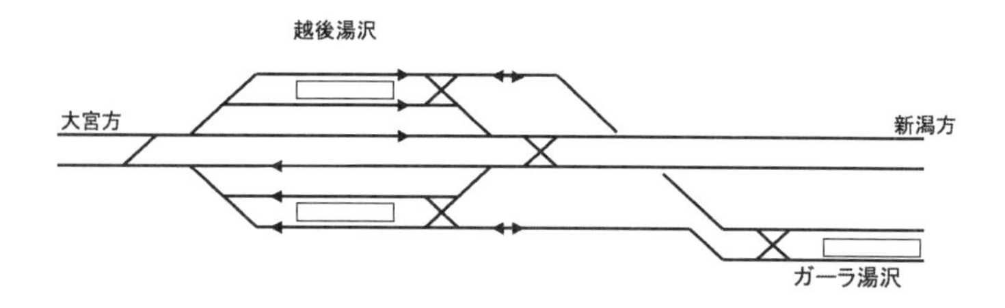

【図2.19】越後湯沢〜ガーラ湯沢の配線略図。ガーラ湯沢は越後湯沢始発・終着列車のための引上線としても使われる

なお、越後湯沢〜ガーラ湯沢間は、信号システム上は単線並列になっている。つまり、並んでいる2本の線路はいずれも双方向の行き来が可能ということだ。

すると、ガーラ湯沢に留置していた車両を下り副本線に着けて新潟方に向けて発車させる、あるいは新潟方から上り副本線に着いた列車をガーラ湯沢に取り込む、といった使い方もできる理屈となる。

また、越後湯沢の東京方・トンネル内に片渡り線があるので、11番線に着いた下り列車がその場で車内整備を行い、上り列車として東京方に折り返す使い方もできる。

ただし、下りホームから上り列車が出ることになるので、案内上はややこしいことになる。もっともそれは、東北新幹線の郡山（こおりやま）では日常的に行われていることだが。

終点の先に消えていく列車①

札幌駅の発車標や時刻表を見ると、函館本線の小樽方に向かう列車のなかに、少なからず「ほしみ行き」の設定があるのがわかる。

ところが、そのほしみに行ってみると、本線の両側にホームを設けただけの、いわゆる相対式2面2線の構成。そして、札幌方と小樽方のどちらを見ても引上線や渡り線がない。到着した「ほしみ行」の列車は、降車を終えると「回送」になり、小樽方に向けて走り去ってしまう。

じつは「ほしみ行」の列車は、小樽方の隣駅・銭函(ぜにばこ)まで行って折り返している。銭函は複線の上下線間に中線をひとつ持つ構成だが、その中線にホームがないため、客扱いができない。また、次ページの【図2.21】でおわかりの通り、札幌方から来た上り列車を下り線に着けられる配線にもなっていない。

ほしみは札幌市の西端にあたり、宅地分譲によって多くの人が住むようになった。その需要は取り逃がしたくない。

しかし、前述した事情により、「銭函行き」

【図2.20】銭函の中線に停車している車両は、隣のほしみから回送されてきたもの。ここで折り返して、またほしみに向かう

を出すわけにはいかない。そこで「ほしみに着いたあとは銭函まで回送して折り返し」となったわけだ。

同じパターンとして、室蘭本線における糸井(いとい)と錦岡(にしきおか)の関係がある。苫小牧(とまこまい)〜糸井間には区間列車がいくつか設定されているが、糸井では折り返しができない。

一方、隣の錦岡では折り返し用の中線にホームがない(銭函と同じ)。

そこで「糸井行き」を隣の錦岡まで回送して折り返して

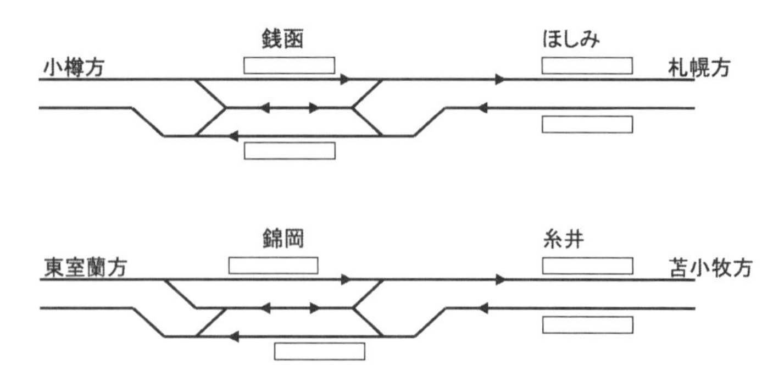

【図2.21】ほしみ・糸井の両駅は複線区間の途中にある棒線駅で、折り返しができない。そこで隣駅の中線まで回送して折り返しを行っている

【図2.22】糸井にて。この駅を始発駅とする下り普通列車は、室蘭方の隣駅・錦岡から回送されてくる

いる。「糸井発」の列車を、まず苫小牧から錦岡まで回送して、そこから折り返してくるパターンもある。

終点の先に消えていく列車②

もうひとつ、似たような事例として、石北本線の「西留辺蘂行き」がある。近所に留辺蘂高校があるため、通学を便利にするためにということで2000（平成12）年に西留辺蘂駅ができた。

そういう事情だから、本線の脇に1面のホームを設けただけの「停留所」となった。ホームの他には信号機も何もない。

すると、北見方の隣駅・留辺蘂を出て西留辺蘂に着いた上り列車が、そのまま北見方に向かう下り列車として折り返すと具合が悪いことになる。

留辺蘂から見ると、遠ざかっていったはずの列車が逆走してくるうえに、その列車が留辺蘂に姿を現すまで、逆走してきたことを知る術がないからだ。わかるのは「留辺蘂と、遠軽方の次の停車場・金華の間に列車がいる」ことだけで、その列車の進行方向を知る手段がないため、そういうことになる。

これは、単線区間に特有の事情といえる。先に挙げた、ほしみ、あるいは糸井の事例はいずれも複線区間の話であり、線路ごとに列車の進行方向が決まっている。ところが西留辺蘂は単線の途上にある駅だから、そういうわけにはいかない。

じつは、金華が駅として機能していたときには、西留辺蘂行きではなく金華行きにすれば用が足りた。銭函や錦岡

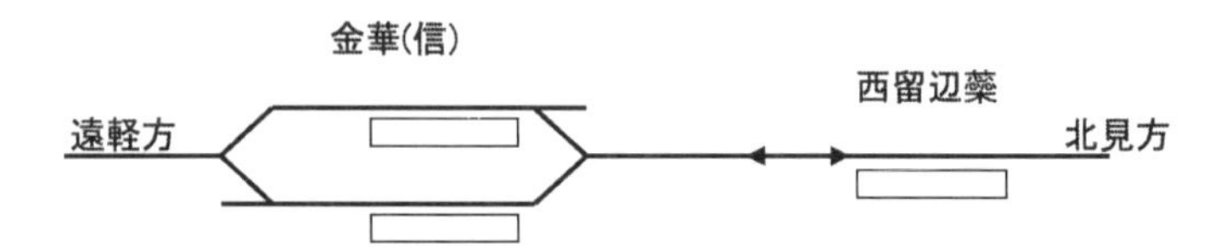

【図2.23】西留辺蘂と金華の配線。単線の途中にある西留辺蘂で折り返すわけにはいかないので、金華まで回送してから折り返している

と異なり、金華では2線ともホームがあって、普通に折り返しができるからだ。

ところが金華は利用が極端に少なく、2016(平成28)年3月に信号場に格下げされた。

旅客駅ではなくなった場所で客扱いを行うわけにはいかないし(それをやったら、なんのための格下げだかわからないことになる)、客扱いがない信号場を行先として表示するわけにもいかない。

その結果、「金華行き」は「西留辺蘂行き」に変わり、西留辺蘂～金華間は回送となった。

西留辺蘂とほしみに共通するのは、既存の駅と駅の間に、後から駅を増設したところ。

一方、糸井は事情が異なる。ここはもともと単線区間の途中にあった信号場だったが、1953(昭和28)～1954(昭和29)年にかけて複線化された。

つまり、ここはあとから複線区間上の停留場になったわけだ。

「運行見合わせ」の範囲は、どう決まる?

天候・気象に起因するものから、人身事故、車両点検、「お客様対応」「線路上への人立ち入り」など、鉄道にはさまざまな輸送障害がある。

鉄道は「線」の交通機関だから、その線上のどこかで輸送障害が発生すれば、全体で運行ができなくなる事態も起こり得る。それを避けようとして、「動かせる区間だけでも動かそう」と工夫するわけだが、そこで配線の問題がかかわってくる。

一部区間だけで運行を継続するには

どこかの駅で輸送障害が発生した場合、現場を含むかたちで運行見合わせ区間が発生する。一部区間になる場合もあれば、いきなり全区間が運行見合わせになってしまうこともある。

「動かせる区間だけでも動かせないの?」と思うのは自然な感情だが、「じつは配線が問題になるんですよ」というのがこの項の本題。

「A駅～B駅～C駅～D駅」とあり、このうちB駅～C駅間で輸送障害が発生した、という状況を想定してみる。そこで、A駅～B駅間とC駅～D駅間だけでも列車を動かしたい、と考えた場合。どうするか。

それを実現するには、まずB駅とC駅でそれぞれ、反対方向への折り返しが可能になっていなければならない。たとえば、以下のような配線になっていたのでは折り返しができない。

【図2.24】B駅もC駅も渡り線がない「棒線駅」なので、到着した列車が反対方向に向かう線路に移れない。それでは折り返し運転ができない

では、B駅のA駅方、C駅のD駅方にそれぞれ、片渡りが設けられていたらどうなるか。**【図2.25】**のようにすれば、折り返し運転は可能になる。

しかし、A駅からB駅に到着した列車はB駅で**【図2.25】**の上側にある線にしか着けられない。D駅からC駅に到着した列車は、C駅で図の下側にある線にしか着けられない。折り返した列車が出発するまで、次の列車を着けられないから、運行可能な本数が制約される。

【図2.25】片渡りがあれば折り返しは可能になるが、折り返す駅で使える線路が1線だけなので、運行可能な本数が制約される

これが片渡りではなくシーサスクロッシング（下の【図2.26】ではB駅）、あるいはそれぞれ方向が異なる片渡りのペア（下の図ではC駅）なら、B駅・C駅では両方の線に列車を着けられるようになる。

どちらの線からでも反対方向に進出できるようになるからだ。こうすると、運行可能な本数を増やせそうではある。

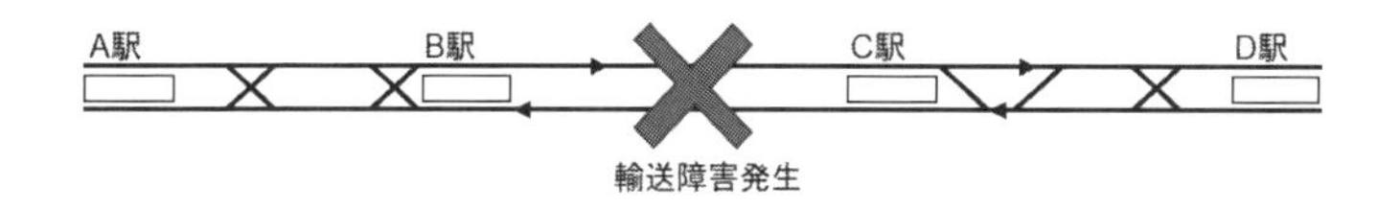

【図2.26】シーサスクロッシング、あるいはそれぞれ逆向きの片渡りのペアがあれば、B駅やC駅の線路をフルに活用できるので、運行可能な本数が増える

ここでは話を単純にするために、物理的な線路の話に的（まと）を絞った。

しかし実際には、信号システムもかかわってくる。途中のB駅やC駅で反対方向に出発する進路を設定するとともに、それに合わせた信号を表示できるようになっていなければ、列車は出せない。現実に存在する駅設備を見ても、番線によって出発できる方向が制約されている場面はよくある。

そして、「輸送障害の発生に備えて、あちこちの駅に渡り線を設けておけばいいじゃないか」と考えるのは簡単だが、渡り線を設けるということは分岐器が増えるということでもあり、それだけ設置・維持管理・保守点検の対象が増える。

また、その渡り線を使って反対方向に列車を進出できるようにするということは、構成可能な進路の組み合わせが増えるということだから、信号システムにも影響が及ぶ。

すると、かけられる費用とメリットを天秤にかけて、要所要所の途中駅で折り返せるようにする、ぐらいが落としどころになる。

途中にあるすべての駅で折り返しができるようにするのは、費用の面から見ただけでも簡単ではない。

山手線と京浜東北線、「田町〜田端間」の事情

先に示した例は、話を単純にするためにシンプルな複線にした。ところが現実には、もっとややこしい事例もある。

たとえば、山手線と京浜東北線は田町〜田端間で方向別複々線を構成している。

品川〜高輪ゲートウェイまでは線路別複々線だが、高輪ゲートウェイ〜田町間で京浜東北線北行の線路が山手線と立体交差して西側に移り、方向別複々線に変わる。

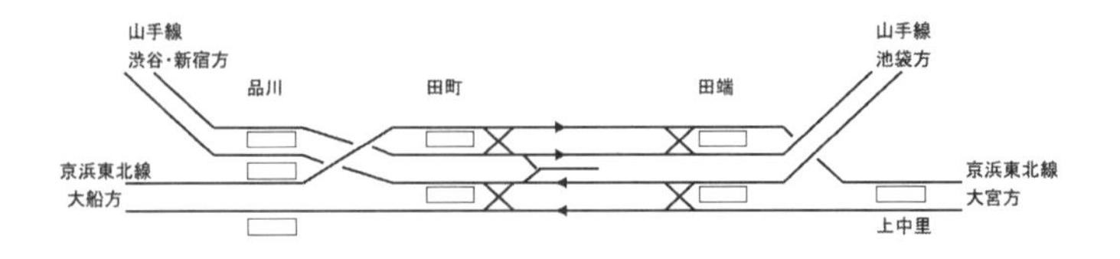

【図2.27】品川〜田端間における山手線と京浜東北線は、品川〜高輪ゲートウェイまでが線路別複々線、そこから田端までが方向別複々線になっている（高輪ゲートウェイと田町〜田端間は省略）

すると、間に挟まれた山手線は外回りと内回りの線路が

並んでいるので、両者の間に渡り線を設ければ（物理的な線路という意味では）折り返しが可能になる。

ところが、間に山手線をはさんだ京浜東北線は、北行と南行の線路を行き来する手段がない。

そして京浜東北線の場合、田町の南方にある高輪ゲートウェイ、品川、大井町、大森の各駅、それと田端の北方にある上中里（かみなかざと）、王子の各駅は折り返しのための設備を持たない。その結果、京浜東北線で折り返しができる区間は、蒲田以南、それと東十条以北に限られてしまう。

なお、田町の田端方と田端の田町方にはそれぞれ、山手線と京浜東北線の間にシーサスクロッシングが設けられている。こうすることで、山手線から京浜東北線に、あるいはその逆に、渡れるようになっている。

これは、山手線と京浜東北線、いずれか一方が運行できない状態になっても、他方の運行を継続できるように、という配慮の産物。

たとえば、山手線、あるいは京浜東北線のいずれかが施設工事などで使用できなくなったときに威力を発揮する。使用可能なほうの線路に両方の列車を入れてしまえば済むからだ。

ただし、線路容量（時間あたりの運転可能本数）は複線分しかないから、それを山手線と京浜東北線で按分（あんぶん）する必要がある。

なお、京浜東北線で使用している車両を、メンテナンスのために東京総合車両センター（山手線の大崎（おおさき）から出入りする）に出し入れする際にも、田町のシーサスクロッシングを利用している。

【図2.28】田町駅の山手線内回りホームに、なぜか京浜東北線用のE233系1000番代が現れた。しかも「回送」表示

【図2.29】この車両は、田町の北方にあるシーサスクロッシングを渡り、京浜東北線の北行に進出して走り去った

鉄道配線こぼれ話

トラブルでも威力を発揮した方向別複々線

2023（令和５）年７月30日のこと。京浜東北線の北行で乗務員が体調不良に見舞われて、当該列車は本線上でストップした。もちろん、代わりの乗務員を手配するまで運転できない。すると本線を塞いでしまうので、京浜東北線は運転見合わせとなってしまう。

ところが、現場は上記の方向別複々線区間内だった。そこで、京浜東北線の列車を山手線の線路に通すことで、運転再開となった。

ただし、北行列車が遅れた状態で大宮方面から南行列車をドンドン出してしまうと、その後で南行列車に充当する車両が足りなくなってしまう。そのせいか南行列車も運転間隔の調整が行われたようで、南行・北行とも遅延が発生した。

渋谷駅工事時の運休区間はどう決まった?

2023（令和５）年１月６日から８日にかけて、山手線の渋谷で大規模な切り替え工事が行われた。

これまで外回りと内回りがそれぞれ専用の片面ホームを持つ構成だったものを、外回りと内回りで共用する島式ホームに変えるという大がかりな工事で、工事は１月６日の22時～９日の始発まで、なんと約53時間30分もかけた。

もちろん、渋谷で工事対象になる番線では、山手線の発着は不可能になる。といって、全線運休というわけにもいかない。

【図2.30】内回りは全線で運行されたが、一部は池袋止まりに

では、どこからどこまでの区間で運行を継続するか。

そこで出た答えは「内回りは全線で運行、ただし池袋〜渋谷〜大崎間は本数を減らす。そのため、一部の列車は池袋で上野方に折り返し」「外回りは池袋〜上野〜大崎間のみ運行」というもの。

この日の工事は「外回りの線路を西側に横移動して、できた空間に既存の内回りホームを拡幅（かくふく）する」という内容だから、内回りを道連れにしなくても済んだ。

池袋と大崎には山手線の車両基地があり、他の駅と違ってホームが島式２面４線になっている。また、配線や信号システムも折り返しが可能な構造になっている。だから、この両駅を境界とする折り返し運転が行われたのだ。これも、配線が運行可能区間の決定に影響した一例といえるだろう。

では、実際にどうやって折り返しを行うか。池袋は外回りと内回りの線路に挟まれるかたちで新宿方に引上線があるので、ここに入れて折り返せる。

それと比べると大崎は複雑だ。まず外回りが到着した後で、方向転換して東京総合車両センターの出入庫線に引き上げる。ただし車庫に入れてしまうわけではなく、編成全体が出入庫線に収まったところで停める。

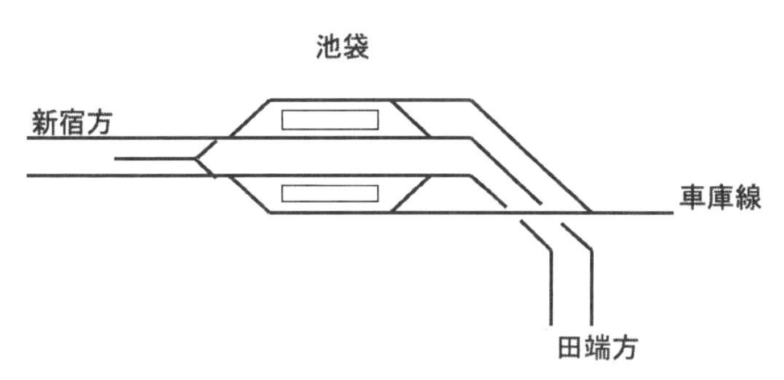

【図2.31】池袋は、山手線の車両を収容する留置線がある関係で、2面4線構成。さらに新宿方に引上線があるので、これを使った折り返しも可能

この出入庫線は内回りの線路から外回りの線路を横断するかたちで延びているが、外回りの線路を横断するところがシングルスリップスイッチになっており、外回りの２線、いずれからでも進入できるようになっている。

それから再度方向転換して、今度は外回りの線路を横断して内回りのホームに着けるわけだ。

【図2.32】外回りは渋谷に入れられないので、全列車が大崎行きに

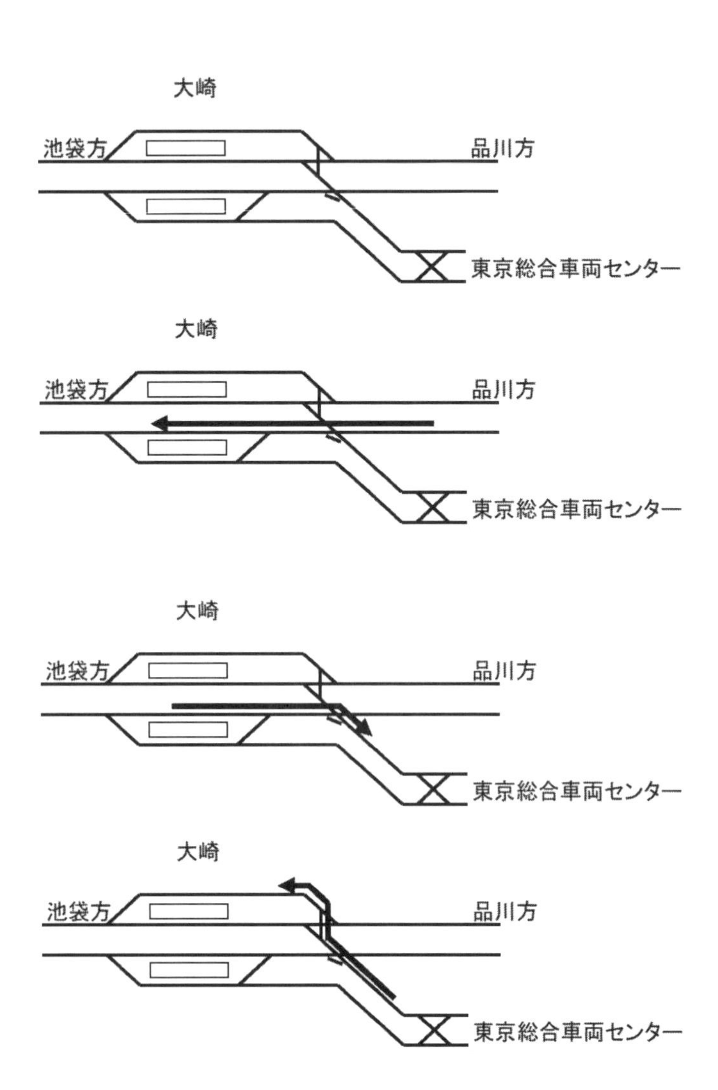

【図2.33】こちらは大崎。池袋と違って引上線がないので、車両基地への出入庫線で代用した

左側通行の常識が当てはまらない秋田新幹線

我が国の鉄道は道路と同じで、左側通行。だから、複線区間の線路を横から見た場合、手前側の線路は右から、向こう側の線路は左から列車が来るはず。ところが、いわゆる「秋田新幹線」にあたる奥羽(おうう)本線の一部区間では、この常識が当てはまらない。踏切には右の写真のように看板が立っている。

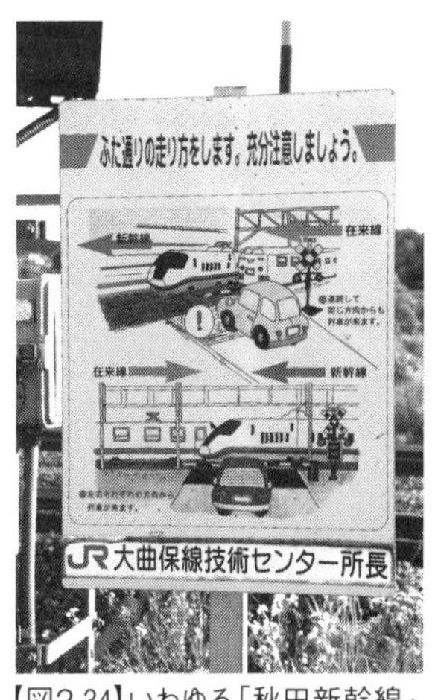

【図2.34】いわゆる「秋田新幹線」区間の奥羽本線で、踏切に立てられている看板

ここでは、2本の線路のそれぞれについて、右からも左からも列車が来るので、こんな注意喚起が必要になった。なぜか。

一部の区間が「三線軌」になった理由

鉄道の軌道は2本のレールを組み合わせて構成するが、その2本のレール頂部・内側同士の間隔のことを、軌間(きかん)(ゲージ)という。JRの在来線は狭軌(きょうき)(1,067mm)、新幹線は標準軌(1,435mm)。だから、軌間のことだけ考えても、新幹線と在来線の相互の乗り入れはできないことがわかる。

そこに降って湧いたのが「新在直通(しんざい)」の構想。最初の事例である山形新幹線では、奥羽本線の福島〜山形間（のちに新庄まで延伸）について、在来線の線路を作り直して狭軌から標準軌に改めた。だから、この区間は在来線の車両は入れない。

次の秋田新幹線でも、田沢湖（たざわこ）線を利用する盛岡〜大曲（おおまがり）間は同じ方法を用いた。

ところが問題は、奥羽本線を利用する大曲〜秋田間。大曲〜新庄間は狭軌のまま残るから、そこだけ在来線の離れ小島にするわけにもいかない。しかし幸いにも、大曲〜秋田間の大半は複線になっていた。

そこで考え出された方法は、「大曲〜秋田間の複線のうち、片方だけを標準軌に作り直して、他方は狭軌のまま残す」――つまり、標準軌の単線と狭軌の単線が並ぶ単線並列になる。なお、刈和野（かりわの）〜峰吉川（みねよしかわ）間は単線で残っていたため、ここは標準軌の線路を増設した。

【図2.35】三線軌

しかし、それぞれが単線になると、上下列車の行き違いが途中駅でしか行えなくなる。在来線側の普通列車は本数がそれほど多くないからいいとして、問題は新幹線が直通する標準軌の側。

既存の交換可能駅は、狭軌側で使用することにした。標準軌側は、まず和田に、のちに羽後境（うごさかい）にも線路を追加して、行き違いができるようにした。

客扱いは行わないから、ホームは不要であり、上下それぞれの線路があれば済む。しかし、大曲に近い側にも、行き違いができる駅が欲しい。

そこで、途中の神宮寺（じんぐうじ）〜峰吉川間に限り、在来線側の線路にレールを１本追加して、いわゆる三線軌にした。片方のレールは在来線の車両と新幹線の車両が共用して、２本が近接して並んでいる。他方のレールは、内側が1,067mm軌間の在来線用。外側が1,435mm軌間の新幹線用となる。

すると、その三線軌の区間に限り、秋田新幹線の立場からすると複線ということになり、その区間内ならどこでも上下列車がすれ違える。結果として、ダイヤ編成の柔軟性が向上する。

秋田新幹線のややこしいオペレーション

神宮寺〜峰吉川間では、神宮寺の大曲側において、上り線側（1,435mm軌間）から渡り線が延びてきて合流し、ここから三線軌が始まる。

そして、峰吉川の大曲側にも1,435mm軌間の渡り線が設けられており、これが元の上り線側に合流する。ここで三線軌が終了する。

三線軌になっているのは元の下り線だから、下り「こまち」が常に三線軌の側を走るようにすればわかりやすい。

しかし、「こまち」が常に三線軌の側を走ると、その隙間を縫（ぬ）うようにして普通列車を走らせる必要があり、ダイヤ設定上の制約になりかねない。

そこで、神宮寺〜峰吉川間で上下の「こまち」がすれ違うときだけ、下り「こまち」が三線軌の側を走るようにした。この区間ですれ違いがなければ、下り「こまち」は標準軌の側を走る。

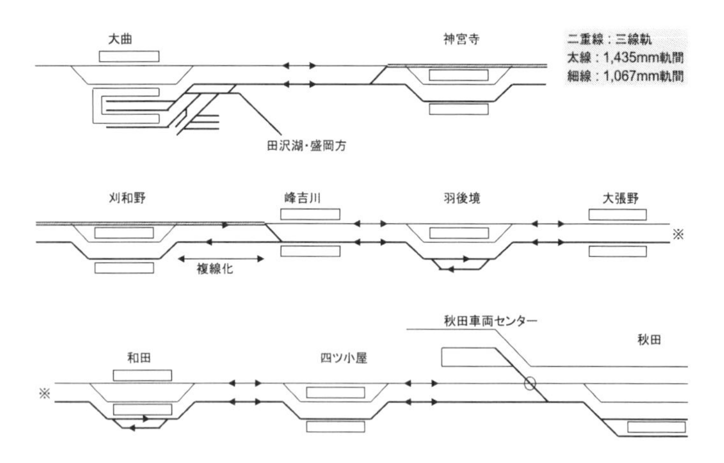

【図2.36】大曲～秋田間の配線略図。二重線は三線軌、細線は1,067mm軌間、太線は1,435mm軌間

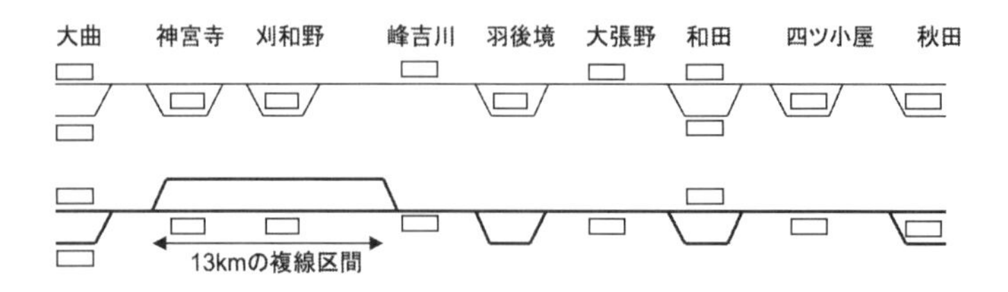

【図2.37】上の配線略図を軌間ごとに分離してみた図。標準軌だけが部分的に複線になっている様子がわかる

一方、普通列車が走る狭軌の側は、三線軌の区間も含めてずっと単線であり、下りも上りも同じ線路を走る。
その結果、この神宮寺〜峰吉川間には、5パターンの列車が存在することになる。

＊標準軌の側を走る下り「こまち」
＊標準軌の側を走る上り「こまち」
＊三線軌の側を走る下り「こまち」
＊三線軌の側を走る下り普通列車
＊三線軌の側を走る上り普通列車

なお、大曲〜神宮寺間と峰吉川〜秋田間は、狭軌線と標準軌線が並ぶシンプルな単線並列。だから、「こまち」は上下双方とも標準軌の側を走り、普通列車は上下双方とも狭軌の側を走る。
ただし、若干の例外がある。田沢湖線（ここは全線が標準軌に改軌された）で使用する車両は秋田車両センターがネグラなので、そこと大曲の間を回送する必要がある。その回送列車も標準軌の側を走る。
また、大曲から秋田車両センターに向かう回送列車が三線軌の側を通る場面に遭遇したこともある。

【図2.38】在来線仕様の701系が三線軌の区間を走る。3本あるレールのうち、左側の2本を使用している点に注意（スカートの下に見える車輪の位置でわかる）

【図2.39】秋田車両センターに回送される、標準軌仕様の701系が三線軌の区間を走る。3本あるレールのうち、両端の2本を使用している点に注意

線路を横断するときは「右よし、左よし」

ついでに余談をひとつ。

鉄道の仕事をしている方なら誰もが、線路横断の際には必ず「右よし、左よし」と指差(ゆびさし)確認するようにしつけられている。筆者のように、鉄道の現場に取材でお邪魔する部外者も、構内で線路横断する際には同じである。

そして、冒頭で書いた進行方向の話があるから、普通はまず右から確認する。このようなことは平素から習慣づけておかないと肝心のときに忘れるから、筆者は踏切横断でも道路横断でもこれをやっている。

ところが、左側通行の日本なら「右よし、左よし」でよいが、右側通行のアメリカに行ったらどうするか。手前側の車線は左からクルマが来るのである。

そこで順序を逆にして「左よし、右よし」と確認する。アメリカの人にこの話をしたら、ちょっとウケたような気がする。

鉄道配線こぼれ話

外国の鉄道は右側通行？ 左側通行？

諸外国では、道路は右側通行、鉄道も右側通行。ヨーロッパでもそういうところが多いようだ。ところが、フランスは変わっていて、道路は右側通行、鉄道は左側通行。

しかし、ヨーロッパでは各国間で線路がつながっているから、フランスと他国を相互に行き来する車両もある。そこでTGVは途中から、運転台を真ん中に置くようになった。こうすれば右側通行でも左側通行でも対応できる。

車両の向きがやたらと変わる都電荒川線

普通、どこの路線でも車両の向きは固定されている。といっても、蒸気機関車は前後の違いが明瞭（めいりょう）にわかるが、その他の車両はパッと見ても違いがわからない。

しかし実際には向きが決まっているものである。そうしないと、検査などの際に不便があるからだ。

車両の向きが揃っていないと困る理由

電車や気動車は、床下にさまざまな機器を吊（つ）るしている。検査や整備・修理のために床下に吊るした機器にアクセスする際には、側面からアクセスするのが基本だ。

もしも車両の向きがコロコロ変わってしまったのでは、同じ機器にアクセスするのに「右側から」となったり「左側から」となったりして、煩雑（はんざつ）で仕方がない。「この機器は、こちら側のこの辺についている」と定まっているほうが間違いが起こらないし、効率がいい。

また、トイレがついている車両では、地上の設備との兼ね合いが問題になる。

今は垂（た）れ流し式トイレの車両はほとんどなく、みんな床下に設けたタンクに溜（た）め込む方式だ。そのタンクがあふれてしまったのでは困るから、車両基地にはタンクの中身を抜き取る設備がある。

ところが、当然ながらその設備は、タンクの位置に合わせて設置しなければならない。わかりやすいのは新幹線で「奇数号車の車端（しゃたん）」と決まっているから、車両基地ではそれに合わせてタンクの中身を抜き取るための配管を設置している。

そこで車両の向きが逆になったらどうするか。配管がない場所にタンクが来てしまったのでは、抜き取りができない事態になりかねない。

このほか、編成の向きが変わってしまうと、号車ごとの設備配分・定員が変わってしまう問題もある。これが問題になるのは、定員制の特急車だ。

車両の向きが一定しない事情とは?

ところが何事にも例外はあるものだ。早稲田～三ノ輪橋（みのわばし）間を１両編成で走る都電荒川線（通称「東京さくらトラム」）で日々、行き交う電車を観察していると、車両の向きが変わっているのに気付くことがある。

前後とも同じ顔をしているから気付きにくいが、屋根上に載っているパンタグラフの位置や向きが逆になっている、あるいは屋根上に載っている冷房装置の位置が逆になっている、といった理由で、電車の向きが変わったことがわかる。

たまたま、手元に同じ9002号車を同じ場所で、同じ行先（早稲田行き）で異なる日に撮影した写真があるので、並べてみよう。

屋根上に付いているパンタグラフの位置が変わっているので、電車の向きが逆になっているのだとわかる（次ページ参照）。

【図2.40】2010年7月17日に撮影した9002号車。パンタグラフは手前側(早稲田方)に付いている

【図2.41】2020年3月14日に撮影した9002号車。パンタグラフは向こう側(三ノ輪橋方)に付いている

では、どうしてこんなことが起きるのか。

荒川線の車両基地は、その名もズバリ「荒川車庫前」電停に隣接した荒川電車営業所だ。この車庫の線路は、南側を東西方向に走っている本線とは直角をなす、南北方向に設けられている。

そして、本線と車庫を結ぶ部分は東西双方向にレールが分岐しており、これと本線で三角形の三辺を構成する。だから、入出庫する際には、その日の運用に合わせて東方の三ノ輪橋方に入出庫することもあれば、西方の早稲田方に入出庫することもある。

常に同じ方向から出入りしていれば、電車の向きは変わらない。ところが、三角線になっていて双方から入出庫する可能性があるとなれば、話は別。たとえば早稲田方から入庫して三ノ輪橋方に出庫すると、電車の向きは逆になる。

【図2.42】荒川車庫前で。入庫する電車が奥のほうを走っているが、手前にも逆向きに合流する線路があり、三角線を構成しているのがわかる

狭い車庫を有効活用する手立てとは?

おそらく、用地の制約でこういうかたちにしたのだと思われるが、荒川電車営業所の構内は、なかなか面白いことになっている。

本線から直接出入りできる線路は４本あるが、車庫の建屋(たてや)からは北側に全部で12本の線路が突き出ているほか、建屋の西側に７本の線路が並んでいる。西側の７線にしろ車庫の建屋で行き止まりになっている各線にしろ、前後が途切れていて、電車を出入りさせられるようには見えない。

その秘密は、敷地の北端にある。ここにトラバーサ、つまり「車両を載せて横移動させる装置」があるのだ。

たとえば､建屋の西側にある線路に電車を入れたければ､本線とつながっている４本の線路のいずれかに電車を入れて、建屋を突っ切って北側に出す。

そこで電車をトラバーサに載せて、西側に平行移動させるのだ。電車を載せるトラバーサは２台あるので、支障しなければ同時に２両を移動できる理屈となる。

車両整備工場で、編成を解いて１両ずつ検査に入れるような場面では、トラバーサを用いて横移動させる場面は珍しくない。しかし、日常的にトラバーサを用いて車両を横移動させている車両基地は珍しい。１両で走っている路面電車ならではともいえるが。

その代わり、パズルゲームの「倉庫番」みたいなことが起きる。１本の線に複数の電車を留置できるから、奥のほうに入れた電車を出すためには、手前にいる電車をどかさなければならない。

しかし、車両をどかすためには、どかした車両を移動する先が空いていなければならない。車両の運用を考慮しながら留置する場所を決めないと大変なことになってしまう。

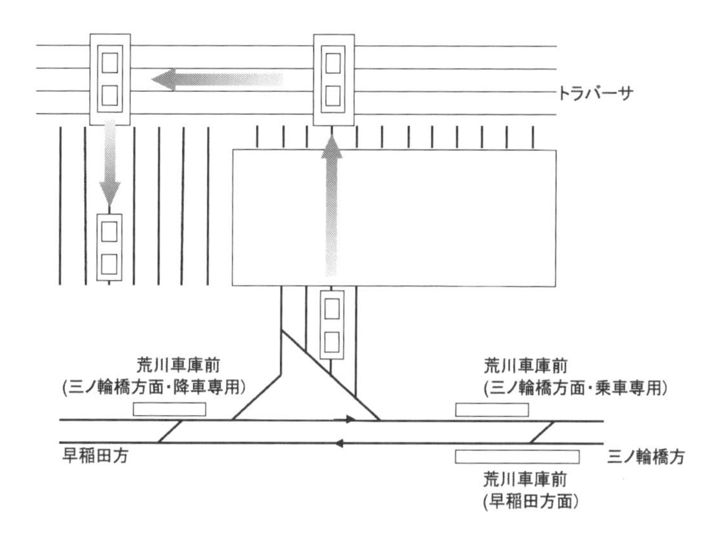

【図2.43】都電荒川線の荒川車庫は、狭い敷地を有効活用するためか、トラバーサによる横移動を常用している

【図2.44】荒川電車営業所からの廃車搬出。右手前にトラバーサの一部が見える(敷地外から撮影)

スイッチバック駅にもさまざまな種類がある

　鉄道用語のひとつにスイッチバックがある。列車が直進せずに、向きを変えて反対方向に走り出す構造のことだが、その多くは急勾配の存在と関係がある。しかし例外もある。

急勾配を登るためのスイッチバック

　まず、急勾配を一気によじ登ることができず、ジグザグに、少しずつ登るようにするためのもの。箱根登山鉄道のそれが知られている。

　それ以外でも、木次（きすき）線の出雲坂根（いずもさかね）や豊肥（ほうひ）本線の立野（たての）が著名だろう。

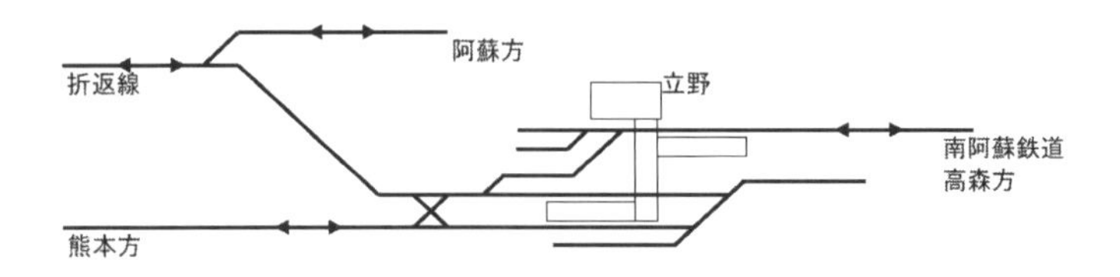

【図2.45】豊肥本線・立野のスイッチバック。一気に坂を登るには急すぎたため、ジグザグに登る

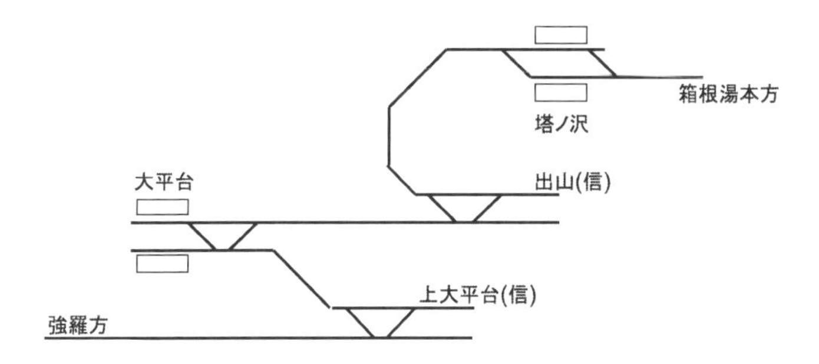

【図2.46】立野や出雲坂根のスイッチバックは2回だが、スイッチバックを3回も繰り返すのが箱根登山鉄道。所要時間は延びるが、スイッチバックの存在そのものが“売り”になっている一面もある

【図2.47】上大平台信号場に進入する箱根湯本行き。停車しているのは強羅行きで、ここで交換も行っていると分かる。箱根湯本行きはここで方向転換して、左手の線路に向かう

もうひとつは、勾配区間の途中に駅を設ける場合。駅の構内は水平になっているほうが望ましいので、勾配の途中から行き止まりの線路を分岐させて、そこに駅を設ける。

すると、到着あるいは出発の際に、必然的にスイッチバックが発生する。現時点でこの形態が残っている著名な駅としては、篠ノ井線の姨捨（おばすて）と、えちごトキめき鉄道・妙高はねうまラインの二本木（にほんぎ）がある。

【図2.48】に示した姨捨の場合、松本方への進出、あるいは松本方からの進入はストレートに行える。ところが、長野方への進出、あるいは長野方からの進入では、下端にある折り返し線を用いたスイッチバックが不可欠となる。

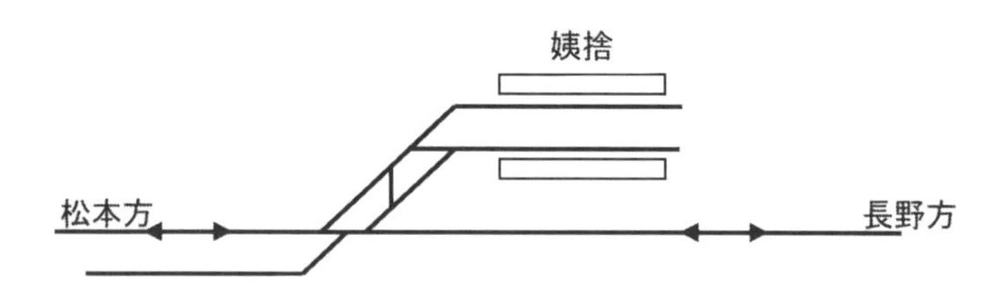

【図2.48】姨捨の配線略図。ここの本線は、松本方から長野方にかけて下り勾配になっている

【図2.49】姨捨のホームから、本線を通過する「しなの」を見下ろす。こんなに高低差があるのかと、ちょっと驚く

急勾配とは関係ないスイッチバック

ところが、急勾配と関係なくスイッチバックする事例もある。大都市圏で著名な事例というと、小田急江ノ島線の藤沢と西武池袋線の飯能(はんのう)がある。

藤沢の場合、相模大野方面から片瀬江ノ島に向かう列車はここで方向転換を余儀なくされている。しかし2023(令和5)年7月現在、快速急行は藤沢止まりになってしまい、藤沢〜片瀬江ノ島間は各駅停車が行ったり来たりする、いわゆる折り返し運転となった。

そのため、藤沢で進行方向を転換する列車は、特急など、一部に限られている。

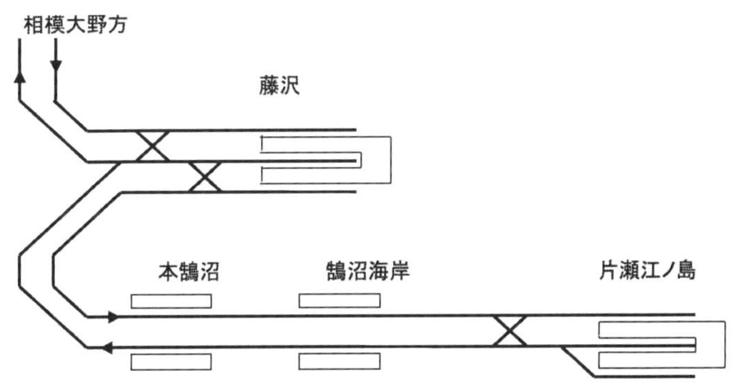

【図2.50】小田急江ノ島線の藤沢駅は、大都市圏に近いスイッチバック駅として有名。もうひとつ、西武池袋線の飯能もある

廃止された名寄本線の名残とは

ところが、それとは状況を異(こと)にするのが石北(せきほく)本線の遠軽(えんがる)。特急「オホーツク」「大雪」に乗ると、この駅を境に

して腰掛の向きを転換するのは毎度の恒例行事になっている。その遠軽は藤沢と違い、頭端式ホームにはなっていない。また、駅のすぐそばではなく、少し北東方に進んだところで線路が途切れている。

これは、かつて存在した名寄本線の名残。じつは、旭川から網走に向かうルートとしては、今の石北本線のルートよりも、名寄〜興部〜紋別〜中湧別〜遠軽〜北見というルートが先行した。これが、かつての名寄本線である。

その途中の遠軽から西方に延びるかたちで、難所の石北峠を越えるルートが造られて、完成後にそちらが石北本線としてメインルートになった。

こうした経緯から、名寄本線のルートとは逆の方向から遠軽駅に石北本線が入ってくるかたちとなり、石北本線の列車は遠軽でスイッチバックすることになった。その後、名寄本線が廃止されて石北本線だけが残ったため、現状のようになっている。

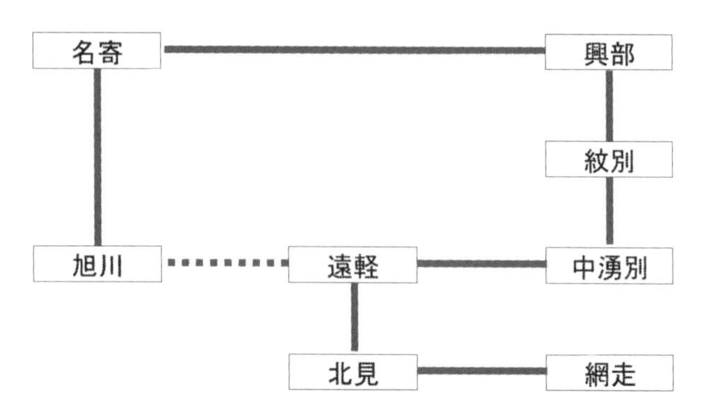

【図2.51】名寄〜興部〜紋別〜中湧別〜遠軽〜北見というルートが先行。その途中にある遠軽に、石北峠を越えるルート（点線部分）が逆方向から接続した。そちらがメインルートの石北本線となったため、遠軽でスイッチバックが発生した

遠軽駅は、3方からの発着をどうこなしたのか?

こうした歴史的経緯から、遠軽では3方面から列車が着発することになった。

したがって、3方面のいずれからも進入でき、いずれにも進出できる配線が求められる。そして構内には、駅本屋(ほんおく)とつながっているホームが1面、ホームがない中線が1本、そして独立した島式ホーム・1面2線がある。

実際の構内配線を見てみると、ホームがある3線とホームがない中線のいずれも、3方面のいずれからでも進入できるし、3方面のいずれにも進出できる配線になっていることが分かる(実際には、それに合わせた信号システムの用意も必要になるが)。

なお、気動車は進行方向を変えるといっても比較的簡単だが、機関車牽引(けんいん)列車は機関車を切り離して、反対側に付け替えなければならない(いわゆる機回し)。4線のうち、どこか1線を空けておけば、そこを通して機関車を反対側に移動できる理屈となる。

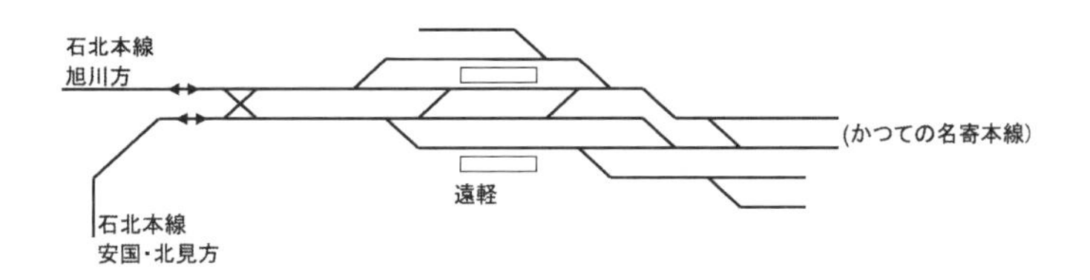

【図2.52】遠軽の現状。いちばん下のホームが駅本屋とつながっており、特急は上下ともここに発着する

なお、2023年７月の時点で、石北本線には上下３本ずつ、臨時貨物列車の設定がある。合計６本のうち１本を除いて、遠軽の停車時間は８分しかない。

しかし、前後に機関車を連結しているので、機回しは必要ない。その代わり、必要な機関車の数は倍になる。

線路の付け替えでスイッチバックを回避

遠軽と違って、あとからできた線路をメインルートにするために、わざわざ線路を付け替えた事例もある。それが予讃線（国鉄時代の線名は予讃本線）。

全通した時点での予讃本線は、向井原から下灘を経て伊予大洲に通じる海沿いルートだが、線形や地質が良くない。その伊予大洲の松山方に、五郎という駅があり、そこから東方の内子に向けて内子線という支線があった。

その内子線を北に延ばすかたちで向井原まで新線（内山線）を造り、現在はこちらが予讃線のメインルートになっている。

ところがこのままだと、五郎でスイッチバックしなければ伊予大洲方面に行けない。

そこで線路を付け替えて、内子からまっすぐ伊予大洲に入るようにした。

ただし合流地点は伊予大洲の構内ではなく、その東方に設けられた伊予若宮信号場。向井原と同様に、シンプルに２本の線路が合流するだけの配線だが、客扱いがない信号場だからホームはない。

一方、五郎は余分な線路が撤去されたことにより、棒線駅になっている。

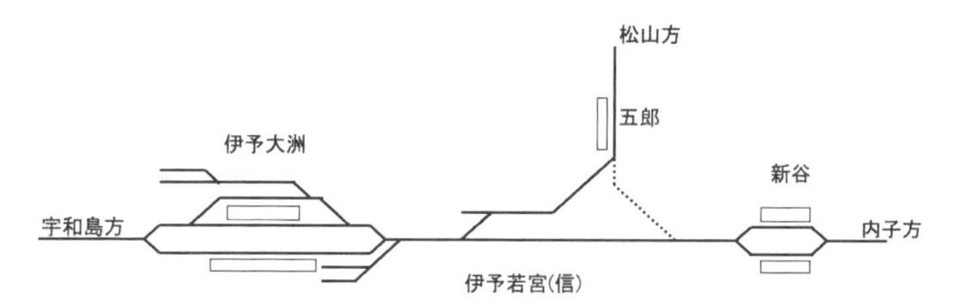

【図2.53】伊予大洲周辺の現況。点線が、1986年に付け替えられる前の内子線(点線は経路を示すもので、詳しい配線はデータがなかったために割愛)

歴史をさかのぼると、もともと伊予大洲〜伊予若宮(信)〜内子のルートが先にあった。

そこに海沿いルートの予讃本線が延びてきて合流した1935(昭和10)年に、内子線の分岐駅が五郎に改められ、伊

【図2.54】秘境駅として知られる土讃線の坪尻は、スイッチバック駅でもある。写真では、右上から左下に通じるのが本線で、勾配がある。そこで、分岐した線路の先に駅を設けた。下り列車は、右手前の折り返し線に入ってから逆行してホームに着ける。上り列車は逆の動きになる

予若宮（信）は廃止された。それが、1986（昭和61）年に内子線がメインルートに切り替わった際に元鞘（もとさや）に戻ったことになる。

鉄道配線こぼれ話

駅と車両基地の間を行ったり来たり…

ある日のこと。徳島駅の西方にある跨線橋にいたら、横にある踏切が作動した。徳島駅に到着した列車が乗客を降ろして、西方にある引上線に入ってきたためだ。ところがこの車両、踏切を塞ぐ位置で停車してしまった。そこで運転士が反対側の先頭車に移動して方向転換、駅の北側にある車庫に向かった。その間、踏切は閉まったまま。

これは、徳島駅の北側に車両基地が隣接していて、駅との間をストレートに行き来できないため。横並びだから、いったん引上線に入れて行ったり来たりする必要がある。その折り返しに使う場所が踏切と重なっているのだ。古くからある国鉄～JRの拠点駅では、駅と並ぶかたちで車両基地を置く場面がけっこうあり、似たような問題は他所でも起きていたかもしれない。

3章

定時運行を可能にする配線のしくみ

本章のテーマは「利便性」と「効率的な運行」。前者は利用者にとって、後者は鉄道事業者にとって重要な課題となる。効率的な運行を実現するために、鉄道事業者は現状の配線を抜本的に改めることも少なくないのだ。

着発番線はこうして決められる

前章で、列車同士の乗り換えにおける利便性にかかわる話を取り上げた。

じつは、利用者にとっての利便性が駅の構内配線や線路の使い方に影響される事例は、他にもいろいろある。

駅本屋に面したホームに列車を着ける

普通、複数の番線がある駅では「下り列車が発着する番線」と「上り列車が発着する番線」を分ける。同じ番線で下り列車も上り列車も入り乱れて発着するのと比較すると、案内が明快になるから好ましい。

ところが、駅舎とホームの位置関係によっては、この原則を崩すことがある。駅舎もホームも地平に設ける場合、よくあるのは「駅舎に面して、片面ホームを設置。そこからさらに番線を増やす場合には、その奥に片面ホームあるいは島式ホームを設置」というもの。

すると、駅舎に面したホームは上下移動なしで行き来できるが、その奥に設けられたホームとの行き来では跨線橋あるいは地下道を通る必要が生じる。つまり、上下移動が発生するわけで、大荷物を抱えているときなど、不便を感じるところだ。

そこで、「上り・下りに関係なく、可能な限り駅舎に面したホームに発着させる」という使い方が出てくる。ローカル幹線の駅ではしばしば見られる光景だ。

列車の本数がそれほど多くなければ、同じホームで下り列車と上り列車が混在しても混乱することはない、という事情もあるだろう。

また、ＪＲ北海道のように列車別改札を行っていれば、「次に出る列車の乗客しかホームに出ない」かたちになるので、案内もしやすい。

ただし、上下列車の交換、あるいは同一方向の列車同士の待避が発生する場合には、どちらか一方の列車が駅舎に面していないホームに押し出される。

一般的な傾向として、特急のような優等列車を優先的に駅舎に面したホームに着けて、普通列車を他のホームに回すことが多いようだ。

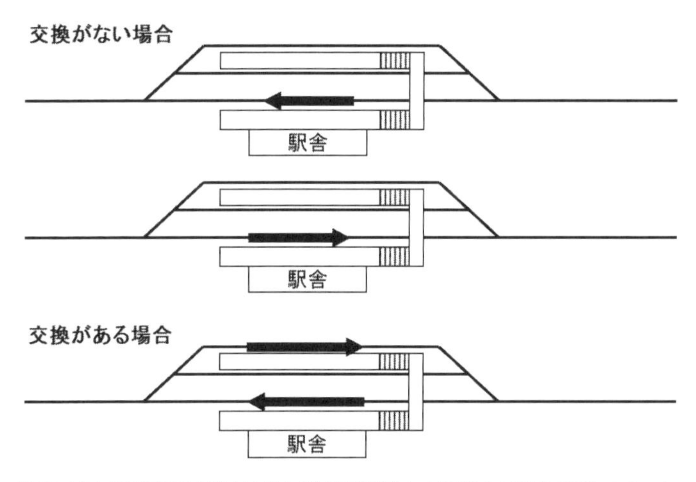

【図3.1】上下列車の交換がなければ、下り列車も上り列車も駅舎に面したホームに着ける。交換や待避がある場合は仕方がないので、片方は別のホームに押し出される

たとえばＪＲ北海道の場合、網走、北見、釧路、新得など多くの駅で、上り・下りに関係なく駅舎に面したホームに特急を着けている。

しかし、すべての駅でこうした運用を行っているとは限らない。たとえば根室本線の白糠では、駅舎に面したホームに着けるのは上り「おおぞら」に限られる。2023（令和５）年７月時点では、下り「おおぞら」はすべて、跨線橋を渡った先の２番線に発着している。

【図3.2】北見を発車した上り「オホーツク」。駅舎に面した1番線に発着しているため、通例とは逆の右側通行になっている

縦列停車で乗り換えの利便を図る

同じように、跨線橋や地下道による乗客の上下方向の移動を解消するための工夫として、縦列停車がある。その名の通り、同じ番線に２本の列車を並べて停車させること。

これを日常的に行っているのが、羽越本線の村上や予讃線の松山だ。

松山の場合、高松方面から来る特急「しおかぜ」「いしづち」は松山止まりなので、岡山・高松〜松山間と松山〜宇和島間の往来では、松山で乗り換えが必要になる。

そこで乗り換えの便を図って縦列停車させている。駅舎に面した単式ホーム１面１線と島式ホーム１面２線、合計３線しかなく、同一ホームの両面で乗り換えというわけにはいかない事情と、単式ホームが駅舎に面していて同一平面でアクセスできる事情から、こうしたものと思われる。

村上の場合、ここと秋田方の隣駅・間島との間で直流電化から交流電化に切り替わるため、新潟・新津方面からやってくる直流型電車の普通列車は必然的に村上行きになってしまう。

そこで酒田方面に向かう普通列車に乗り換える必要があるので、両者を縦列停車させて乗り換えの便を図っている。

似たような他の事例として、えちごトキめき鉄道日本海ひすいラインと、あいの風とやま鉄道の列車が接続する泊がある。

縦列停車(1)

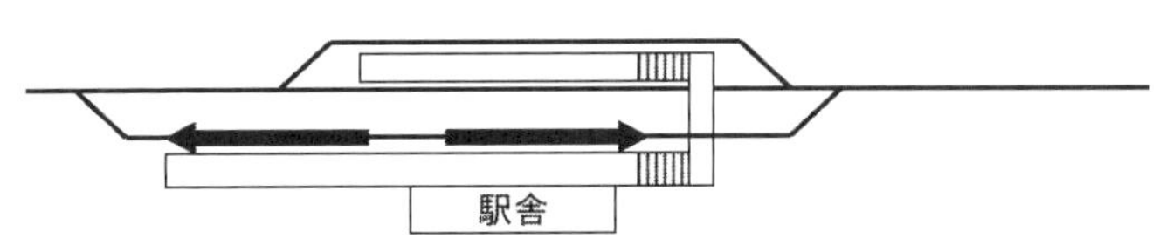

【図3.3】運転系統が分断されていて、乗り換えが必須になっているときに、分断の境界となる駅で双方の列車を同じホームに縦列停車させると、上下移動なしの乗り換えが可能になる

【図3.4】予讃線の松山で日常的に行われている、「しおかぜ」（手前）と「宇和海」（奥）の縦列停車

【図3.5】こちらは羽越本線の村上。酒田方面との間を行き来する気動車列車（手前）と、新潟方面との間を行き来する電車列車（奥）が縦列停車する

また、過去の事例になるが、朝の釧路駅で下りの夜行列車が到着したときに、それを駅舎に面した1番線に着けるとともに、同じ1番線の根室方に根室行きの列車を縦列停車させていた。これも考え方は同じだ。

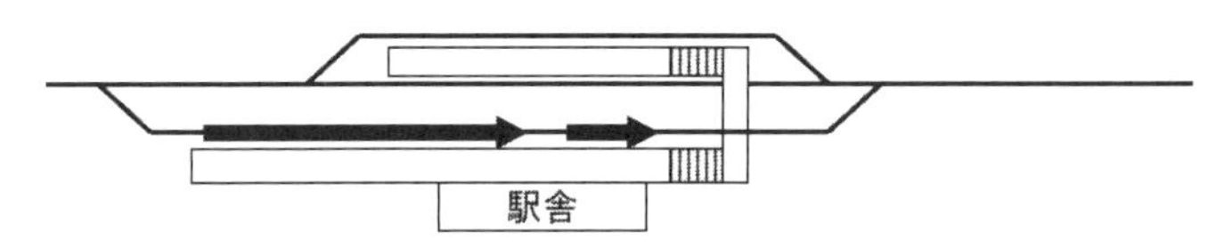

【図3.6】過去に釧路で行われていた縦列停車の事例。先に根室行きの普通列車が1番線にいて、そこに札幌方から下りの夜行が到着する。同一平面で乗り換えができる利便性を考えたところは、他の縦列停車の事例と同じ

ただし、縦列停車にはいくつか難点がある。

まず、列車の編成長が短い場合には良いが、編成長が長くなると、水平方向の移動量が増えてしまう。たとえば予讃線の特急「しおかぜ」「いしづち」は一般的に7～8両編成だから、全長は140～160mぐらいある。

松山で宇和島方に向かう「宇和海」と縦列停車を行っていると、高松方の端にある車両から「宇和海」の停車位置にたどり着くまでには、普通に歩いて2分以上かかる。そこで、「しおかぜ」のグリーン車と指定席車、それと「宇和海」の指定席車が向き合い、近くになるようにしている。

また、安全上の懸念(けねん)もある。すでに列車が停車している番線に別の列車を入れるわけだから、そこで衝突事故を起こされたのではたまらない。

もちろん、そんなことにならないように細心の注意が払われているのだが、そもそも信号システムの観点からすると、同じ番線に２本の列車を入れること自体が矛盾の塊となる。

なぜかというと、鉄道の信号保安システムは「線路を複数の区間（閉塞区間という）に区切って、ひとつの閉塞区間には１本の列車しか入れないようにする」ことで成り立っているからだ。

しかし、縦列停車や併結は、ひとつの閉塞区間に２本の列車を入れないと成立しない。

縦列停車に欠かせない誘導信号機

そこで登場するのが誘導信号機。普段は作動しておらず、併結や縦列停車といった、すでに列車がいるところにもう１本の列車を入れる場面でのみ作動させる。

すでに列車がいる線に、あとから別の列車を進入させて縦列停車を行う場合、あとから来た列車は手前の場内信号機で一旦停止する。すでに進入先の線には別の列車がいるからだ。そこでいったん停止したあとに、誘導信号機を点灯させる。

誘導信号機が点灯すると、あとから進入する列車の運転士は、低速で進み（このときの速度は事業者によって違いがある）、前にいる列車の手前で再度停止する。

停止位置では、係員が手旗を持って立っているのが普通だが、これを省いている事業者もある。縦列停車の場合、連結する必要はないから、これで終わりである。

【図3.7】上り「宇和海」が松山に進入する際の場内信号機。停止現示だが、その下にある誘導信号機(斜めの灯列2個)が点灯している。ワイパーのブレードが邪魔になって見づらいが、1番線には「しおかぜ」「いしづち」が停車中

【図3.8】縦列停車を駅側から見た場面。奥のほうから「宇和海」が進入してくるときに、ホームで係員が手旗を用いて停止位置を示している様子がわかる

そこで松山における実際の運用を見ると、まず「しおかぜ」「いしづち」が１番線に到着したあとで、宇和島方から「宇和海」が進入する。

そのため「宇和海」が松山の１番線で縦列停車を行う際には、必ず駅手前の場内信号機が停止現示となり、そこで停止する。

そして誘導信号機が点灯したところで前進して、係員が旗を持って示している停止位置に合わせて停車させる。「しおかぜ」の松山到着が遅れると「宇和海」は場内信号機のところで待たされることになる。

長いホームを途中で分断する

近年になって、新たに縦列停車の事例に加わったのが、東北本線の新白河（しんしらかわ）。

もともと、東北本線・上野～仙台間の普通列車は上野～宇都宮～黒磯（くろいそ）～郡山（こおりやま）～福島～白石～仙台といった按配（あんばい）で系統を分けていた。

このうち黒磯が直流電化と交流電化の境界だが、普通列車については番線を分けて、「直流が来ているホーム」と「交流が来ているホーム」を別々にしていた。黒磯で乗り換える際に、跨線橋を渡ってのホーム間移動が必須になっていた理由がこれである。

ところが、電気設備のシンプル化を図るために大改造が行われて、黒磯の構内はすべて直流化され、駅北方の本線上に直流と交流の境界を移動した。その結果、郡山方で使われている交流電車は黒磯には入れなくなった。

すると、直流と交流の両方に対応する車両が新たに必要となる。ところが、それはそれで経費がかかる。

そこで、直流と交流の両方に対応する車両の所要を最小限にするため、新たに新白河で系統を切ることになった。黒磯～郡山間を行き来させるよりも、黒磯～新白河間を行き来させるほうが距離が短く、必要な車両も少なくて済むというわけだ。

しかしそうすると、通しで利用する乗客にとっては乗り換えが増えて嬉しくないので、新白河では同一ホームの前後で乗り換えることとした。

それだけなら松山や村上の事例と似ているが、ここが特徴的なのは、長いホームに沿う線路を途中で物理的に分けてしまったこと。元の６番線の中途でレールを切って、車止めを設置した。

そして、その車止めから黒磯側を６番線、郡山側を７番線と改めた。番線の数字は違うが、同一平面だから階段を使わなくても乗り換えができる。

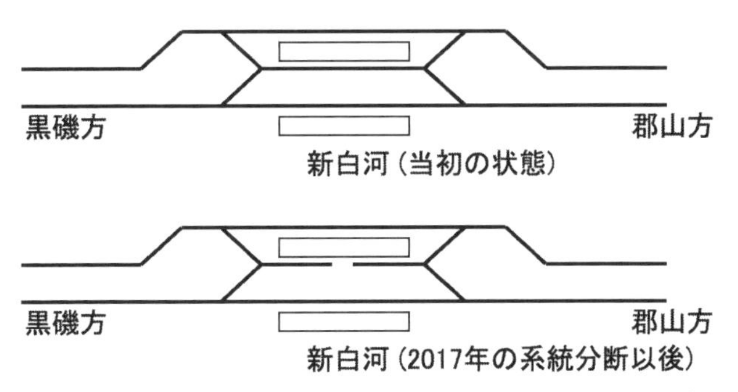

【図3.9】黒磯駅の直流化にともなう運転系統の変更が発生する前後の、新白河の配線略図の比較。運転系統を分断する代わりに乗り換えの利便性を確保するため、中線を突き合わせとして一種の縦列停車とした

【図3.10】新白河駅の乗り換えホームの写真を黒磯方から。手前の車止めが、系統分断に際して新設されたもの

運転する立場からいうと、すでに列車がいる線路に進入するわけではないから、誘導信号機は必要ない。だから「手前で一旦停止してからゆっくり前進」という二度手間も要らない。

しかし、車止めがあるところに進入するわけだから、それはそれで進入速度を抑える原因になる。

それでも、一旦停止が要らないほうが良いということで、車止めを設けて線路を物理的に切ったのだろうか。

待避のための駅構内配線パターン

交通機関について回る課題が「速達性」。移動そのものを楽しみたいという客層も存在するものの、多数派は「移動は早く済むほうがありがたい」であろう。

東海道新幹線で「のぞみ」が圧倒的に多く運行されているのは、それだけの需要があるからで、「移動は早く済むほうがありがたい」と考える人が多いことを証明している。

速達列車を設定するときの課題とは?

とくに距離が長い路線になるほどに、都市部の地下鉄などで一般的に行われているような「全列車が全駅に停車する」ではなく、途中駅を通過する「速達列車」の設定事例が増える。

大都市近郊の民鉄各社では、その速達列車の設定が極めてバラエティに富んでおり、よそ者から見ると複雑怪奇な様相を呈している。

さて。本書の本題は駅の構内配線なので、停車駅の配分みたいな話については割愛して話を先に進める。速達列車は当然ながら、全駅に停車する各駅停車よりも速い。

すると、あとから出た速達列車が途中で、先行する各駅停車に追いつく場面が出てくる。そこで速達列車が各駅停車を追い抜かないと、何のための速達列車だかわからなくなってしまう。

待避駅がないと、何が起きる?

速達列車は設定したいが、途中に待避駅がない。そんな場面もある。そこで速達列車がノロノロ走れば、「途中駅で客扱いをするかしないか」の違いだけになってしまう。

もうひとつの逃げ道として、速達列車が各駅停車に“あたらない”ようにダイヤを設定する方法がある。これは、某線で実際に設定した事例があるのだが、速達列車を設定する意味が薄れてしまう。なぜか。

まず、速達列車と各駅停車が無関係に走るから、速達列車と各駅停車を途中で相互に乗り換えて所要時間短縮につなげることができない。そして、速達列車の意味がある場面は、「速達列車の停車駅を利用していて」「次に来るのが速達列車」に限られてしまうのだ。つまり速達列車の恩恵が広く及ばない。

しかも、速達列車が割り込んだ分だけ各駅停車の運転間隔が空くことになるため、各駅停車しか停車しない駅の利用者が割を食う。やはり「速達列車を設定するなら、途中に待避駅は必要不可欠」という話になるのだ。

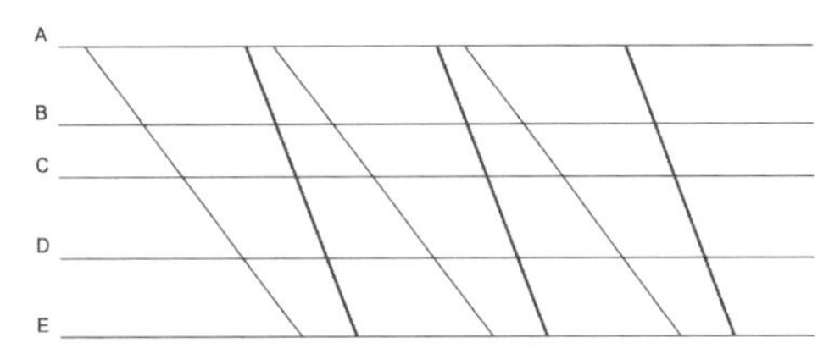

【図3.11】速達列車を設定しても、待避を行わない場合のダイヤグラムはこうなる。これでは、各駅停車の利用者には恩恵がないし、タイミング次第で所要時間に大きな開きができてしまう(ダイヤグラムは横軸に時間、縦軸に駅をとる。ここでは、途中駅を通過する優等列車を太線で示している)

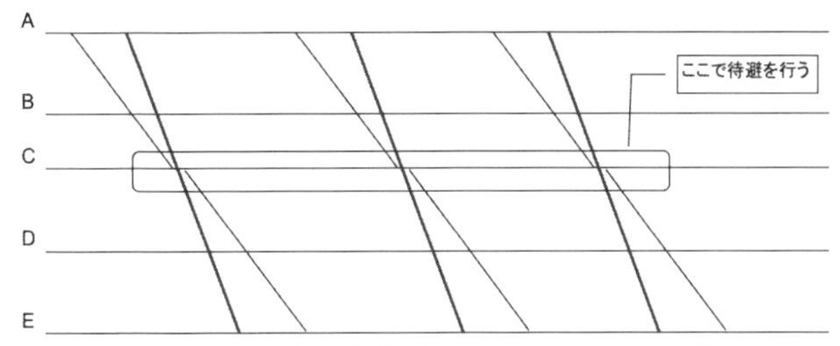

【図3.12】途中で速達列車が各駅停車を抜くようにして、かつ、その際に両者の乗り換えを行えると、利用者にとってはありがたい

ところが、その「各駅停車を追い抜く」ところで駅の構内配線がかかわってくる。同一方向に複数の線路を設けた駅がなければ、追い抜きが物理的に成り立たないからだ。

こうした駅のことを、ここでは「待避(たいひ)駅」と呼ぶことにする。各駅停車が速達列車に抜かれることを「待避」というからだ(「退避」ではない)。そして待避駅を設置する際には、必要とされる複数の線路とホームをどのように配置するかで、いくつかのバリエーションができる。

待避駅の設置パターン①——通過線を設ける

新幹線の駅でよくあるパターンがこれ。本線にはホームを設けず、通過専用とする。これを「通過線」と呼ぶことがある。抜かれる(待避する)列車は、本線から側方に分岐する副本線に入れるが、こちらにはホームを設ける。

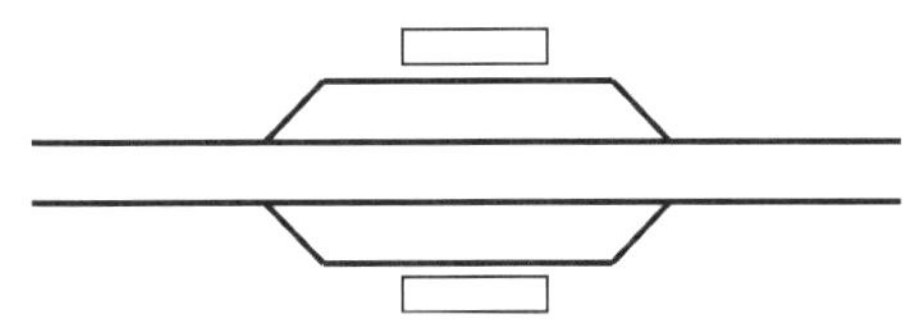

【図3.13】新幹線によくある「通過専用の本線と副本線」の組み合わせ

この配線では、本線に面したホームがないので、追い抜く側の列車は必然的に通過となる。つまり、通過する駅でなければ各駅停車を追い抜けない。

一方で、通過列車が走る線路にホームが面していないから、旅客の安全を確保する観点からすると好都合である。

待避駅の設置パターン②——島式ホームの両面を使う

もっともポピュラーなパターンがこれ。本線と副本線を設けて、両者の間に島式ホームを置く。本線と副本線の双方にホームがあるため、速達列車の停車駅にできる。

まず各駅停車が副本線に到着して、次に後方から追いついてきた速達列車が本線に到着する。すると、各駅停車と速達列車の相互間で乗り換えができる。いわゆる「緩急(かんきゅう)結合」である。

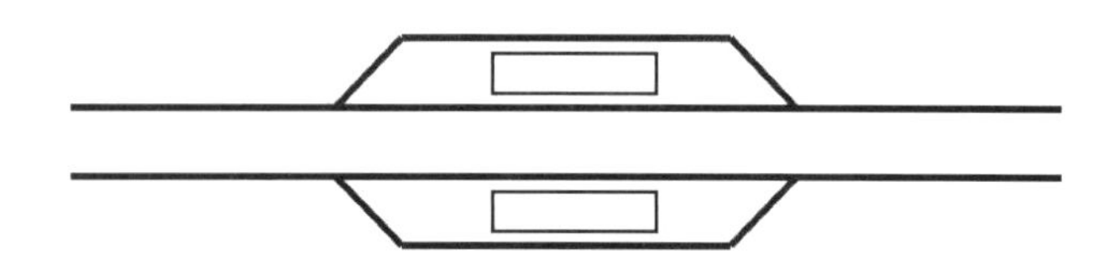

【図3.14】島式ホームの両面を本線と副本線に割り振る形態

待避駅の設置パターン③——通過線と島式ホームの合わせ技

「通過線を設けるケース」と似ているが、外側に第2副本線を増やして、ホームを島式1面2線としたもの。

新幹線で、将来的に分岐する路線ができる含みがあるときに登場する配線がこれで、東北新幹線の福島が典型例。

また、当該駅で反対方向に折り返す列車を設定するときに、その折り返し列車を第２副本線に入れる使い方もある。東北新幹線の郡山では下り線にだけ第２副本線があり、郡山止まり・折り返し郡山始発の「なすの」をそこに入れている。

この形態でも、追い抜く側の速達列車は当該駅を通過するのが基本だが、副本線が２本あれば停車させることもできる。

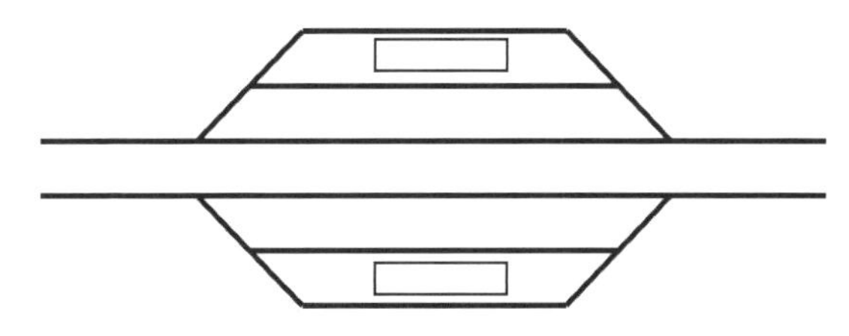

【図3.15】上下線ともに第2副本線を設けた例。東北新幹線の福島や、上越新幹線の越後湯沢がこれである

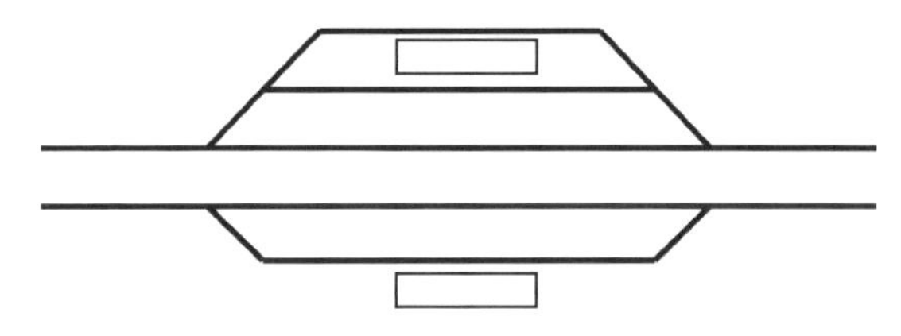

【図3.16】上下線のいずれか一方にだけ第2副本線を設けることもある

待避駅の設置パターン④——本線で副本線を挟み込む

比較的事例は少ないが、外側に設けた本線をホームのない通過線として、そこから内側に副本線を分岐させて、上下の副本線の間に島式ホームを置く形態もある。典型例が、京王線の八幡山（はちまんやま）や東海道新幹線の三島（みしま）。

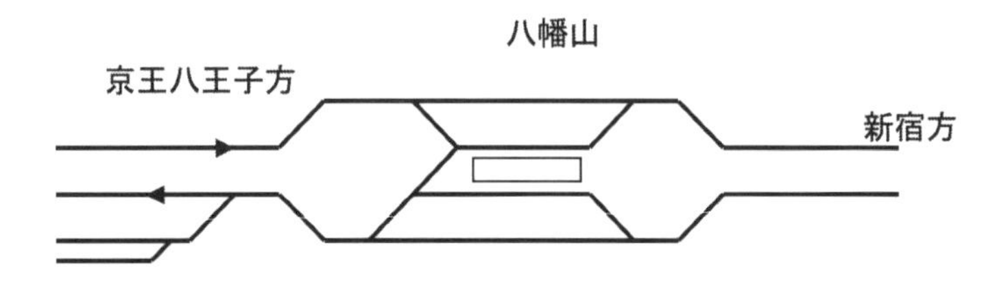

【図3.17】八幡山のように、本線の間に副本線と島式ホームを挟む形態もある

こうすると、副本線のホームをひとまとめにできる利点がある。

一方で、駅の前後で上下本線の間隔を左右に拡げる必要があるので、駅の前後に曲線が入り、速度制限の原因になる可能性が出てくる。緩やかな曲線にすれば速度制限は発生しないが、その分だけ多くの用地を必要とする。

なお、八幡山や三島は複線区間における事例だが、複々線区間における事例として、東海道本線（ＪＲ西日本の呼称は神戸線）の芦屋や、東急東横線・目黒線の元住吉がある。

現在、新快速は芦屋に停車するので、外側線の本線を外れて副本線に入り、内側線を走る普通や快速と同一ホーム上で乗り換えられる。新快速が芦屋を通過していたときには、単に外側の本線を走り去るだけだった。

現在でも、特急列車は芦屋に停車しないから、これは外側の通過線を通る。わざわざホームに面した線を通過させて触車事故のリスクを増やす必要はない。

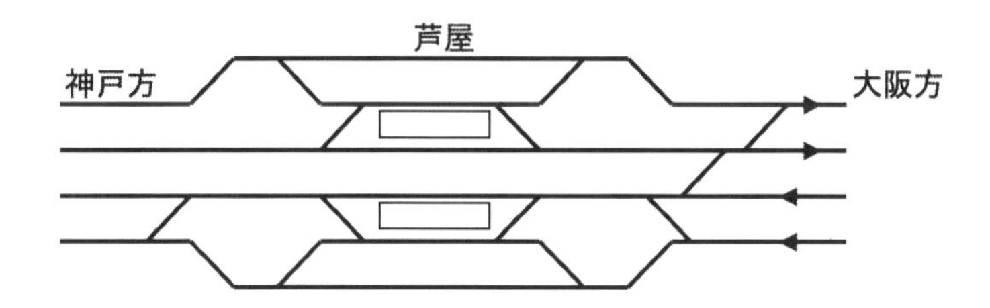

【図3.18】芦屋は複々線のただ中にある駅だが、新快速や特急が走る外側線から内側に副本線を出して、普通列車や快速が走る内側線と共用するホームに着けられる構造

元住吉の場合、外側を走る東横線に限って待避が可能な配線になっている。

目黒線のほうは、急行は元住吉を通過するだけなので、急行と各駅停車の所要時間差は少なく、この区間で待避させる必然性はなくなる。

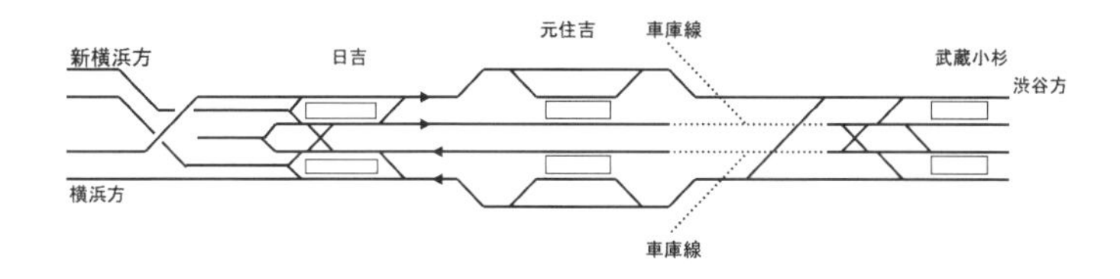

【図3.19】こちらは武蔵小杉〜日吉の配線略図

緩急接続におけるメリットとデメリットは?

大都市近郊各線では、島式ホームの左右に本線と副本線を配して、速達列車と各駅停車の相互乗り換えを可能とする待避が多い。

先にも述べたように、「速達列車→各駅停車」の乗り換えと「各駅停車→速達列車」の乗り換えを一度にできるので、どちらの利用者にとっても都合がいい。

ただし、ひとつ問題がある。この方法では、待避する側の各駅停車の所要時間が延びるのだ。

まず、待避する側の各駅停車が到着したあとで、少し間を置いて速達列車が到着して客扱いを行い、発車する。それから少し間を置いて各駅停車が発車する。すると、相手の速達列車も停車して客扱いを行う分だけ、待避する各駅停車の停車時間が増える。

そこで新幹線では、速達列車が通過する駅で待避させるパターンが多用される。

たとえば、下り「こだま」が名古屋で「のぞみ」を待避するのではなく、次の岐阜羽島まで逃げて、そこで後続の「のぞみ」を待避する。

こうすれば、通過する「のぞみ」は一瞬で走り去ってくれるから、待避する側の列車は停車時間を短縮することができる。結果として、待避する側の「こだま」の総所要時間も短くなる。

しかし、この方法にはデメリットもある。「こだま」から後続の「のぞみ」に乗り換えるときには、名古屋で降りて待っていればよいが、「のぞみ」から「こだま」に乗り換えることができない。

乗り換えが可能な「こだま」は、岐阜羽島で追い越す列車よりも１本後になってしまい、場合によってはだいぶ待たされる。

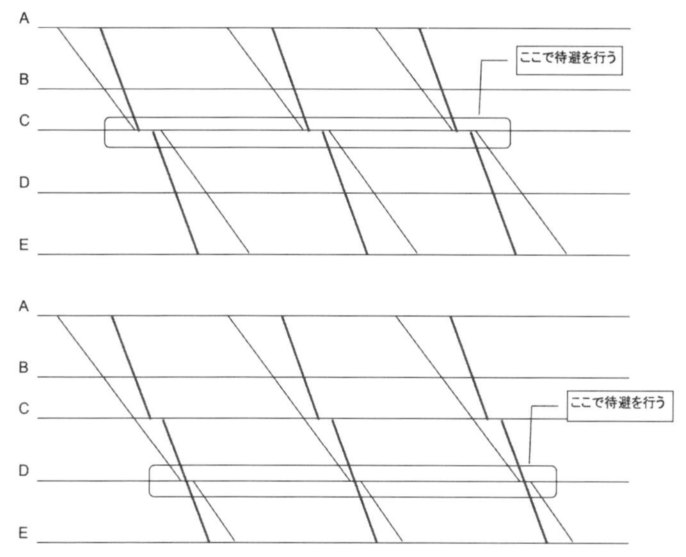

【図3.20】上の例は、「のぞみ」停車駅で「こだま」を待避させるもの、下は「のぞみ」通過駅で「こだま」を待避させるものと考えてほしい。下のダイヤでは、「のぞみ」は一瞬で走り去ってしまうので、その分だけ、待避する「こだま」の停車時間を短くできる

もっとも、「のぞみ」の運転本数は多いので、後から間を置かずに「こだま」が追走してくるような「のぞみ」を選んで乗れば済むのだが。

スピードアップと配線の関係とは？

スピードアップというと、ついつい「最高速度」に気をとられてしまう。

しかし現実には、専用の高速新線を建設するぐらいのことをしないと、最高速度で長く走ることはできず、効果を発揮しにくい。

そして重要なのは、遅い列車が、速い列車の頭を押さえないこと。そこで配線の問題がかかわってくる場面がある。

線形の制約が福となった東海道新幹線の掛川駅

東海道新幹線の掛川は、開業当初は存在しなかった駅。しかし新幹線が在来線駅の南側に隣接している等の事情もあり、請願(せいがん)駅として地元の費用負担で駅の設置が決定、1988(昭和63)年３月に開業した。

もともと駅がない場所に駅を設置したので、盛土構造になっている本線の両側にコンクリート高架橋を建設して、待避用の副本線とホームを建設した。そうした経緯から、本線と副本線の間に電化柱が立っている。

その新幹線駅の建設に際して、線形に起因する制約があった。ここは駅の位置を中心として、本線が緩いＳカーブになっている。東京方から見ると、まず右カーブがあり、それが駅を過ぎるところまで続く。そこから今度は左カーブに変わる。

じつはこれが､副本線を設置する際に影響した。なぜか。

鉄道の線路には「カント」というものがある。カーブで遠心力の影響を緩和するために、左右の線路に高低差をつけて車体をカーブ内方に傾けるしくみのことだ。

ところが掛川の場合、普通に駅の近くで副本線を分岐させようとすると、右カーブの途中から下り副本線、あるいは上り副本線を分岐させなければならない。S字カーブだから、上下線とも駅の手前では右カーブになる。

高速で列車が通過する本線の線路は、カントをいじるわけにはいかない。そして、カントがついているところで反対方向に分岐する分岐器を設置すると､「列車は左に向けて分岐するのに、車体はカントによってカーブ外方に向けて傾斜する」、いわゆる逆カントの問題が発生する。しかも曲線の途中で反対側に分岐する、いわゆる反向（はんこう）曲線になるので、横揺れも発生しやすい。

それを避けるため、副本線への分岐は駅から大きく離れた位置に設けられた。

具体的にいうと、下り線ではホーム端から800m近く離れた地点、上り線ではホーム端から1.4km近く離れた地点に分岐器がある。線路が直線に戻り、カントがない位置を求めたらこうなった。

ところが、これが高速運転のためのメリットにつながったのだから面白い。副本線に入る分岐器が駅よりもずっと手前にあるということは、掛川に停車する「こだま」は通常よりも早いタイミングで本線から抜け出して副本線に逃げ込んでくれるということ。すると、それだけ早く本線が空く。

その結果、掛川ではときおり、「『こだま』が進入してホームに停車するよりも前に、あとから追いかけてきた『のぞみ』が追い抜いていく」という光景が見られることになった。新幹線の１編成は約400mの長さがあるが、掛川駅の副本線分岐からホームまでの距離のほうが、ずっと長いのだ。

つまりこれは、線路の配置が地形・線形に起因する制約を受けた一例といえる。

こうした制約はネガティブな方向に働くことが多いが、掛川では「制約を転じて福となす」結果になったのが面白い。

副本線を長くとり、駅間でも追い越し可能に

この掛川に限らず、待避用の副本線を長くとることで、待避する側の列車が早く本線を空けられるようにした事例がいくつかある。

まず、京浜急行の京急本線、子安(こやす)〜神奈川新町(しんまち)間。どちらの駅も島式２面４線構成の待避可能駅だが、面白いのは上り線に限り、両方の駅の副本線をつないでしまったこと。つまり、両駅間ではずっと、上り方向の本線と副本線が平行している。

すると、ダイヤ編成の柔軟性が向上する。各駅停車が走りながら快速特急に抜かれる、といった運転を行なえるからだ。

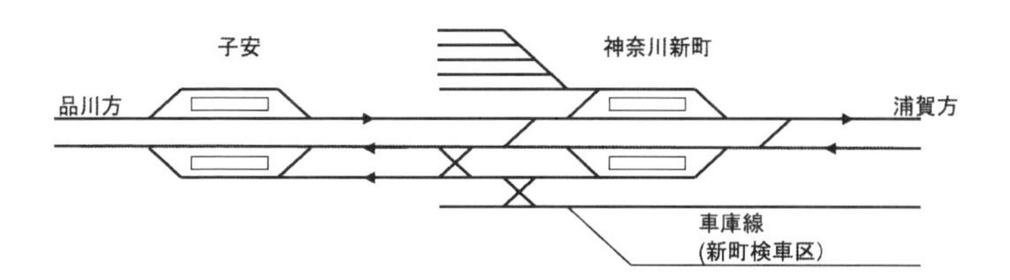

【図3.21】子安～神奈川新町間の配線略図。品川方に向かう上り線だけ線増して、駅間でも追い越せるようにしている

それに対して、シンプルに副本線を長くとったのが、鹿児島本線の南福岡。熊本方の隣駅・春日(かすが)は対向式2面2線の構成で、ここではもちろん待避はできない。

しかし、南福岡の副本線を春日のすぐ近くまで延ばすことで、待避する側の列車が早いタイミングで副本線に逃げ込めるようにした。

九州新幹線が全通する前は、ここを「リレーつばめ」「かもめ」「みどり」といった特急列車群が高頻度で走っていたから、普通列車が特急の頭を押さえないようにするには、こうした仕掛けが求められたわけだ。

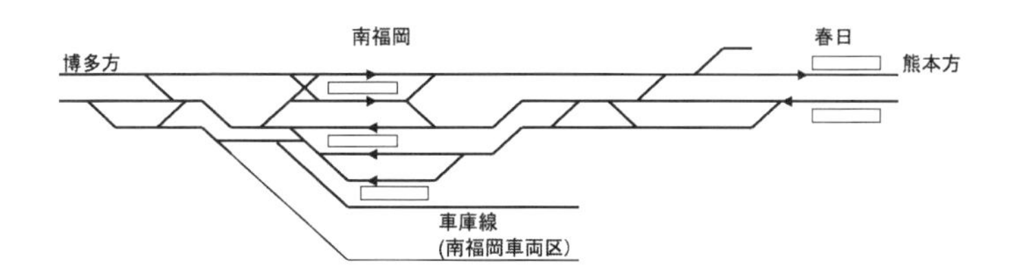

【図3.22】こちらは南福岡～春日間の配線略図。春日の配線には手をつけず、南福岡から副本線を可能な限り南に延ばしたかたち

ちなみに、鹿児島本線では待避可能駅が不足していたため、水城～都府楼南間に待避専用の太宰府信号場を設置することまでやっている。

普通列車がここで副本線に停車して、本線を走る特急に抜かれるわけだ。ただし信号場だから、旅客扱いはしない。

「片開き分岐器」とは?「1線スルー」とは?

カーブよりも直線のほうが速く走れる。これはクルマでも鉄道でも同じだ。

ただし鉄道では、曲線区間だけでなく、分岐器を通過する際にも速度制限がかかることがある。

分岐器に絡む速度制限はいくつかの種類があるが、わかりやすいのは曲線側を通過するときの速度制限。ときどき、列車が駅を出入りする際に「揺れることがありますので御注意ください」という自動放送が流れるが、その原因がこれだ。

たとえば、片開き分岐器であれば、直線側はいいが、曲線側を通ると急カーブを通るのと同じことになるので、速度制限がかかる。

これが両開き分岐器だと、どちら側を通る場合でも同じように速度制限がかかる。そして、分岐器には第1章で書いたように「番数」というものがあって、数字が小さいほどにキツい分岐になる、つまり速度が抑えられる。

今でも、地方幹線に行くと単線区間が多い。単線ということは、途中駅で行き違いが必要になるということだから、線路を枝分かれさせるために、分岐器を設置している駅が多い。そして往々にして、そこで両開き分岐器が使われている。

全列車が停車するのであれば、どのみち駅への進入・駅からの出発では速度が抑えられるので、両開き分岐器でも特段の問題はない。

しかし、通過列車は話が別。途中の通過駅に両開き分岐器があると、そのたびに速度を落とさなければならず、所要時間が増える。また、分岐器を通過するたびに横揺れが発生してしまう。

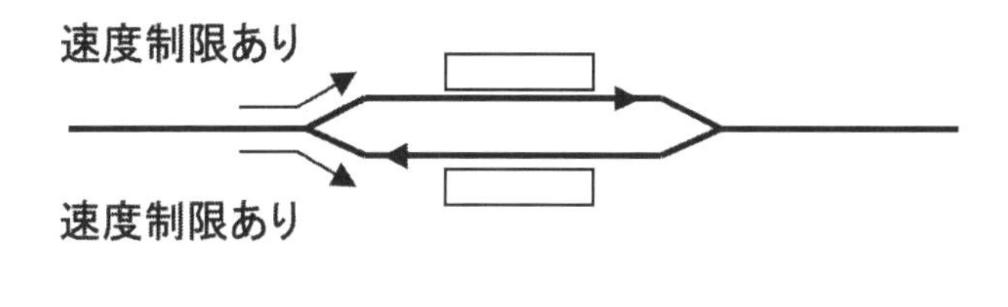

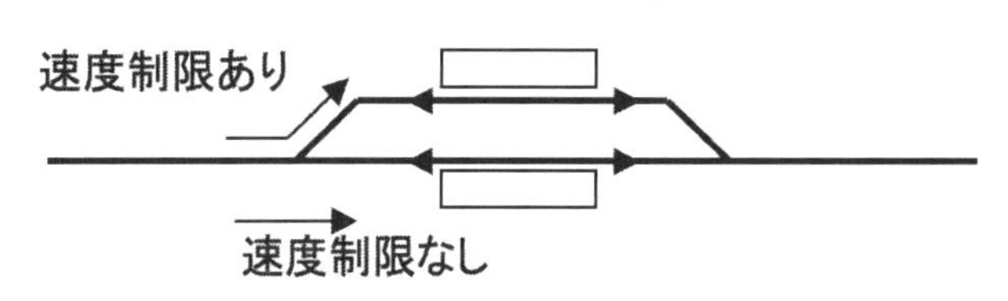

【図3.23】分岐器があると、必然的に速度制限がかかる場面が出てくる。ただし、両開き分岐器（上）と片開き分岐器（下）では事情が異なる

そこで考え出されたのが1線スルー。通過列車は下り・上りの双方とも分岐器の直線側を通れるようにするものだ。

まず、駅の前後に両開き分岐器がある状態から改造して、片開き分岐器にする。これにより、通過列車は分岐器の直線側を通れるようになるので、速度を落とさなければならない理由が減る。

しかし、下り線・上り線で番線を使い分けると、そのうち片方だけが直線側、他方が分岐側を通ることになって具合が悪い。

そこで、どちらの番線でも双方向の出入りができるようにする。これを実現するためには、信号関連の機器を改造しなければならない。

下の写真は高徳(こうとく)線の勝瑞(しょうずい)だが、ここは分岐側のホームが駅舎に面している。だから、ここに停車する列車は、交換(行き違い)がなければ駅舎に面したホームに着ける。交換がある場合の上り列車と、通過する特急列車が、駅舎に面していない直線側を通る。

【図3.24】1線スルーになっている駅の一例、高徳線の勝瑞。停車中の上り普通列車は左側の、駅舎に面したホームに着けている(その関係で右側通行になる)。特急がここを通過するときは、上下とも右の直線側を通る。しかし停車する特急は、左の駅舎に面したホームに着ける

１章で写真を載せた石北本線の桜岡(15ページ参照)は、前ページの写真の勝瑞と同様の使い方をしている。ただしこちらは普通列車しか停車しない。

交換がなければ、普通列車は上下とも駅舎に面したホームに着けるし、通過する特急はスピード重視で直線側を通る。こうした事情から、桜岡で直線側のホーム(２番線)に発着する上り普通列車は、１日に２本しかない(2023年１月現在)。

１線スルーは通過列車に対する速度制限の緩和が目的だが、結果として、分岐器の分岐側を通過する際に発生する横揺れの原因を取り除くことにもなる。つまり、速度と乗り心地の両方にメリットがある。

ただし、実際に既存の駅を１線スルー化しようとすると、制約もいろいろある。駅の前後にある本線の位置はいじれないし、ホームの位置もいじれない。

結局、駅の前後に(露骨な速度制限が発生しない程度の)緩いカーブを入れて、分岐器が直線になるように誘導することが多いようだ。

なお、駅の前後が同じように両開き分岐器になっている場合と、駅の前後でそれぞれ逆向きの片開き分岐器になっている場合とで、１線スルーにする際の要領は違ってくる(次ページ【図3.25】参照)。

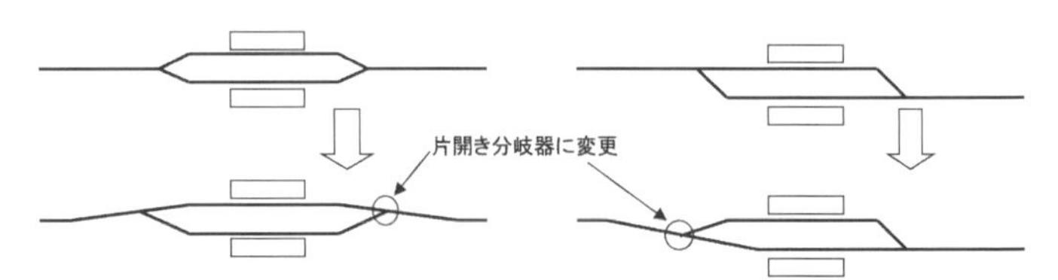

【図3.25】左は、前後とも同じ両開き分岐器になっているところを1線スルー化する手法。右は、それぞれ逆向きの片開き分岐器になっているところを1線スルー化する手法。後者の場合、片方は直線側を通ることになるので、他方だけ改造すれば済む

【図3.26】白糠（根室本線）の新得方。角度の関係でわかりにくいが、奥のほうで左から右に抜ける1番線が、分岐の直線側を構成している。そこから右手に分岐して手前側に向かってくるのが2番線。下り「おおぞら」はこちら側を通る

なお、駅の前後に急曲線があり、そちらで速度制限がかかる場合には、駅の構内だけ１線スルーにして全速で通過できるようにしても効果が薄い。

それでは費用対効果がよろしくないので、そうした駅を１線スルー化の対象から外すことがある。限られた予算を効率的に使うための判断である。

始発駅における「交差支障」の影響とは?

駅構内配線にかかわる用語のひとつに「交差支障」がある。到着する列車と出発する列車の進路が平面交差していると、到着する列車が平面交差点を通過し終わるまで、出発する列車は身動きがとれない。逆もまた同様である。

これは当然ながら、到着列車の進入と出発列車の進出を同時並行して行える場合と比較すると、ダイヤを組む際の制約要因になる。そして、交差支障が発生する時間が長くなると、制約が大きなものになる。

同時発着の制約が多い東北新幹線の東京駅

東京駅の東北新幹線ホームは、在来線のホームがあった空間を転用するかたちで設けられた。最初は東海道新幹線のホームに隣接する1面2線でスタートしたが、北陸新幹線(当時は長野新幹線、高崎〜長野)の開業に合わせて、西側のスペースを転用して1面2線のホームを増設した。その結果、配線は以下のようになっている。

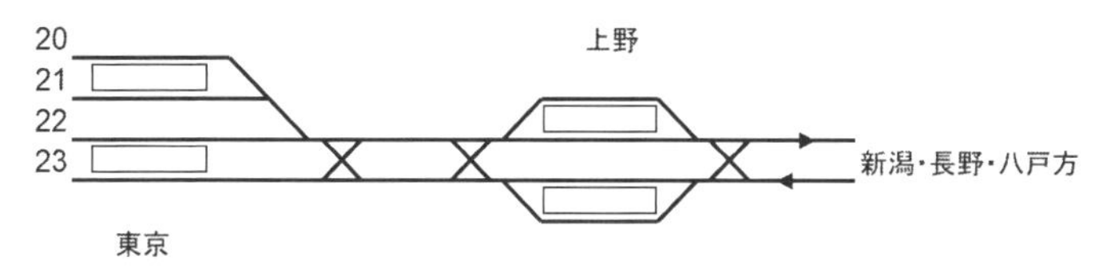

【図3.27】東北新幹線のうち、東京〜上野間の配線

22番線と23番線に限れば、よくある「島式１面２線の終端駅」と変わらない。23番線への進入と22番線からの出発は同時に行えるが、22番線への到着と23番線からの出発は同時に行えない。

ところが、その西側（前ページ【図3.27】では上側）に20番線と21番線を増設しており、これらは22番線の手前で分岐するかたちになっている。

その結果として、23番線への進入と20〜22番線からの出発は同時に行えるが、20〜22番線への到着と23番線からの出発は同時に行えなくなった。

つまり、発着を同時に行えない組み合わせ（下の表では「×」）が多い。なお、「=」は同一番線のために同時発着ができないという意味だ。

到着 ／出発	20	21	22	23
20	=	×	×	×
21	×	=	×	×
22	×	×	=	×
23	○	○	○	=

【表3.1】東京（東北新幹線）の発着競合表

これが次ページ【図3.28】のような配線であれば、交差支障が発生するケースが少なくなり、ダイヤ編成上の制約が減る。しかし、ホーム設置スペースを確保した経緯からすれば「無い物ねだり」となる。

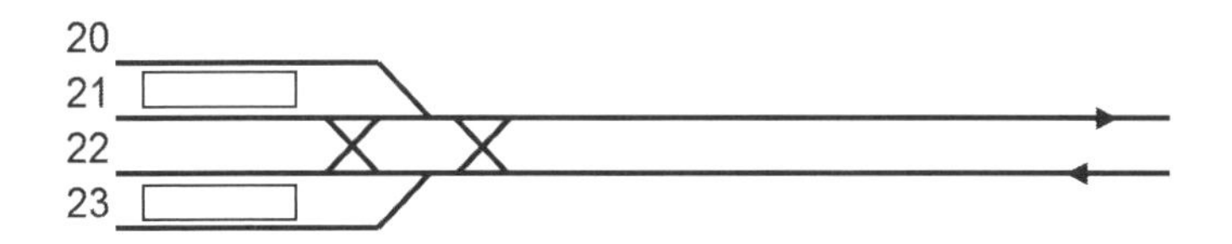

【図3.28】島式2面4線の終端駅で、交差支障をミニマムにできる配線

到着／出発	20	21	22	23
20	＝	×	×	×
21	○	＝	×	×
22	○	○	＝	×
23	○	○	○	＝

【表3.2】その場合の発着競合表。到着と出発の組み合わせのうち、半分は競合しない

【図3.29】東北新幹線の東京駅。右側の22番線に列車が出入りしている間、手前側の21番線や、その左手にある20番線は発着ができない

こうした制約もあってのことだろうか。ここでは当初、方面別に番線を使い分けていたが、現在は番線と行先の関係は固定していない。

同じホームから、東北新幹線の列車も上越新幹線の列車も北陸新幹線の列車も発着する。もともとの需要の関係、そして山形新幹線や秋田新幹線（の併結列車）も加わる関係で、東北新幹線の運行本数が他と比べて多い関係もあるのだろうか。

上り列車が「逆走」する山陽新幹線の新大阪駅

目を西に転じて、新大阪。東海道新幹線と山陽新幹線の境界駅だが、山陽新幹線内だけを走る列車の多くは南端の20番線に発着している。

20番線は下り線から外側に分岐するかたちだから、新大阪駅の西方に渡り線を設けて、山陽新幹線の上り線から直接、20番線に出入りできるようにすれば済むし、実際、そういう配線になっている。

ところがひとつ問題がある。新大阪駅の西方には、東海道新幹線のうち新大阪止まりの列車を収容する引上線（ひきあげ）がある。16両編成の全長は400m以上あるから、引上線の長さはそれに見合ったもの。そして、山陽新幹線の上下線を渡るためのシーサスクロッシングは、その引上線よりも西方にある。

だから、山陽新幹線の上り新大阪行き列車は、そのシーサスクロッシングを渡った後、1km以上も山陽新幹線の下り線を逆走している。

もちろん信号保安システムがあるから、下り列車と正面衝突するようなことはない。

しかし、ここを上り列車が逆走している間、山陽新幹線の下り列車を出すことができないという制約は残る。

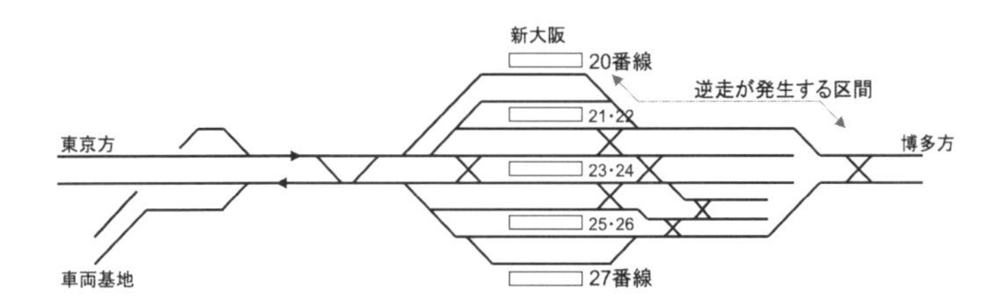

【図3.30】山陽新幹線の新大阪駅における、新大阪止まりの上り列車にかかわる交差支障を示した図

配線だけ見れば、山陽新幹線の上り列車は逆走なしで24〜27番線にすべて進入できそうに見える。ところが、24〜27番線からは山陽新幹線の下り線に進出できない。

そのことと、東海道新幹線から直通する列車を21・22番線に着ける関係もあり、山陽新幹線の線内折り返し列車は20番線に着けるのが合理的となる。

山陽新幹線の上り列車をいったん、東京方の鳥飼（とりかい）にある車両基地に取り込んでから折り返すようにすれば、到着する番線にかんする制約は減らせる。

しかしそうすると、新大阪と鳥飼の車両基地の間を走る列車が増えてしまうし、行き来のために余計な時間がかかる。だから、多用できる方法とはいいがたい。

分岐駅の構造と配線パターン

ある路線から別の路線が分岐する、いわゆる分岐駅はたくさんある。直通運転を行っていれば乗り換えの必要はないが、たいていの場合、分岐駅には乗り換えがつきもの。

そこで同一ホーム上で乗り換えができれば便利だが、えてして跨線橋・地下道・構内踏切によるホーム間移動が必要になってしまう。

運行本数が少ないシンプルなパターン

運転の効率を考えると、分岐する複数の路線ごとに専用のホームを設けるほうが望ましい。片方の路線で運行する列車がホームを塞(ふさ)いでしまい、他方の路線で運行する列車を入れられなくなったのでは困る。

しかし、運行本数が少なければ問題にはならない。そこで、シンプルな分岐駅の事例をふたつ挙げる。まず、予讃線の向井原。

もともと、松山～下灘(しもなだ)～伊予大洲というルートしかなかったが、スピードアップのために内陸部を短絡する、内子経由の新線が造られた。そして松山側の分岐駅となった向井原の配線が【図3.31】である。

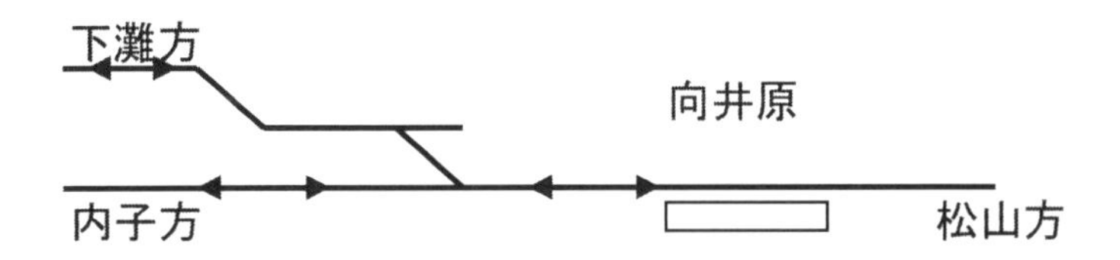

【図3.31】予讃線の従来線と新線が分岐する向井原の構内配線。超シンプルである

向井原の駅自体は、単線に単式ホームを沿わせただけの構成で、すべての列車がこのホームを共用する。

特急は向井原を通過して内子方の新線と松山方面を行き来しているので、駅の西方にある分岐点では、そちら側が分岐器の直進側になっている。

駅を交換可能駅にすると、東津山(ひがしつやま)のようになる。ここは姫新線(きしんせん)と因美線(いんびせん)の分岐駅で、1面のホームを姫新線の上下列車と因美線の上下列車が共用する。分岐点は駅の東方にあり、一旦上下線が収束した本線上で分岐している。

先に因美線ができたためか、因美線が直進側になっている。分岐点と駅の間、わずかな距離を姫新線と因美線が共用していることになるが、どちらも運転本数が少ないので、問題にはならない。

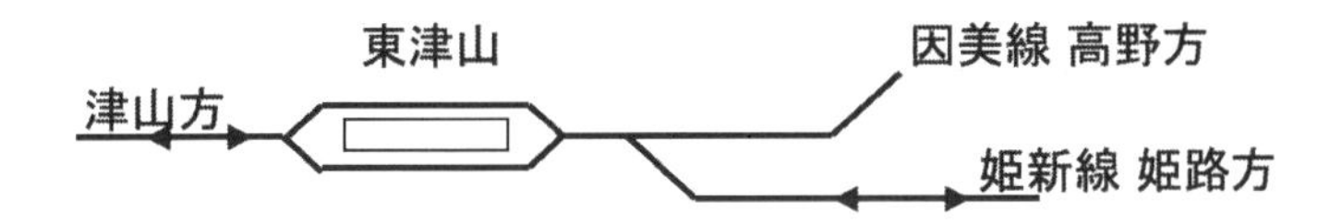

【図3.32】本線上で2線が合流したあとに交換可能駅が出現するのが東津山

ちなみに、阿武隈（あぶくま）急行の起点は東北本線の福島だが、ここも福島からしばらく東北本線の線路を共用しており、4.6km先の矢野目（やのめ）信号場で分岐する。

分岐線専用の片面ホームを用意する

もうちょっと本腰を入れる（？）と、分岐線のために専用の線路とホームを用意することになる。その一例が、東北本線に水郡（すいぐん）線が合流する安積永盛（あさかながもり）。

駅舎に面した単式ホーム（1番線）に水郡線、その西側の島式ホーム（2・3番線）に東北本線の上下列車、と使い分ければ話は簡単になる。

しかし実際には、島式ホームの2番線から水郡線の上り列車（水戸方面行き）が出ることもある。じつのところ、2番線から発着させれば、黒磯・白河方面から来る東北本線の下り列車と対面乗り換えできる理屈だが、実際には一部列車に限られているようだ。そういうニーズがどれだけあるかという問題と、東北本線の上り本線を塞ぐ問題を天秤にかけた結果の判断であろう。

では、郡山方面はどうかという話になるが、水郡線の列車はすべて安積永盛から東北本線に直通して郡山まで運転されるから、安積永盛で乗り換えの利便性に配慮する必然性は薄い。

なお、水郡線がすべて郡山まで直通する関係で、その水郡線の下り列車と東北本線の上り列車の間では、平面交差に起因する交差支障が発生する。水郡線の本数が増える朝・夕は、ダイヤの編成に際して気を使うところかもしれない。

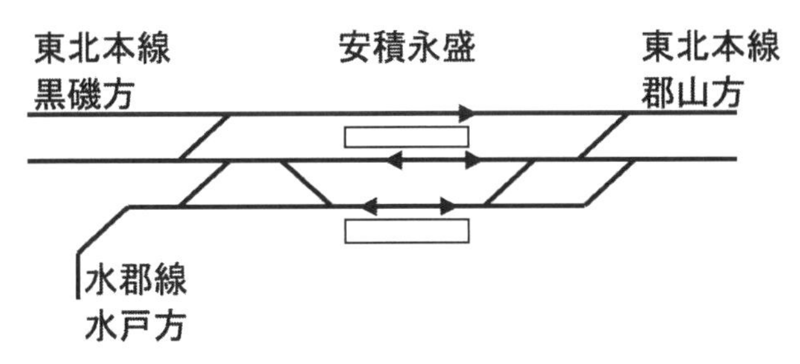

【図3.33】安積永盛の構内配線。下端が1番線で、東北本線の上下線に挟まれているのが2・3番線

平面交差だから交差支障が問題になるので、立体交差にすれば問題は緩和される。それを実現しているのが、同じ東北本線の名取（なとり）。仙台空港線の分岐駅である。

ここも、単式ホームの１番線と、島式ホームの２・３番線がある。

仙台空港線は名取から東北本線に乗り入れて仙台まで直通するので、仙台方面から来る列車と仙台空港線の乗り継ぎに配慮する必然性は薄い。１日に上下１本ずつある快速を除いて、仙台空港線直通列車は各駅停車だから、最初からそれに乗れば済む。

しかし、郡山方面から在来線で仙台空港に向かう場合には、名取での乗り換えが必須になる。すると、仙台空港に向かう列車を名取の２番線に着けて同一ホーム乗り換えを実現したいところだが、実際には２番線の発着は一部列車に限られる。

仙台空港線が単線で、どこかで交換できるようにする必要がある事情、そして仙台空港から仙台に向かう列車が２番線にしか進入できない事情を考えると、仙台空港に向かう列車まで２番線に入れるのは難しいということであろうか。

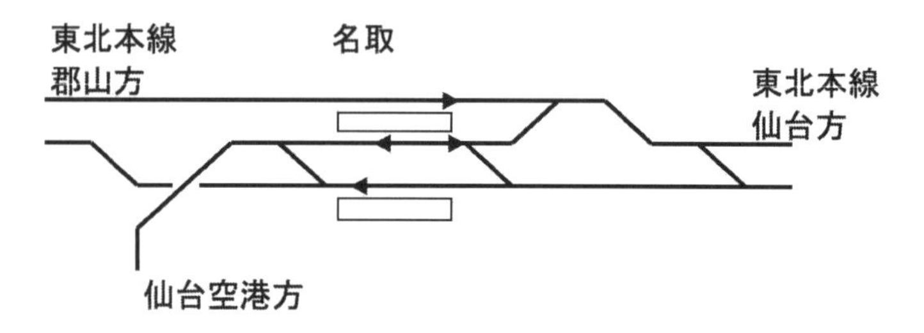

【図3.34】名取駅の構内配線。仙台空港線は駅の南側で立体交差して分岐する。下から順に1〜3番線

分岐線のために独立ホームを設置する

乗り換えの利便性だけ考えれば、しつこく書いているように同一ホームの対面乗り換えが理想だが、実際にはそうなっていない駅もたくさんある。

たとえば旭川。ここは函館本線、石北本線、宗谷本線の列車が使用する単式ホーム１面１線（７番線）と島式ホーム２面４線（３〜６番線）に加えて、富良野線の島式ホーム１面（１・２番線）が南端にある。だから、富良野線を利用する場合にはホーム間移動が発生する。そして富良野線ホームだけ、他よりも長さが短い。

富良野線は別として、それ以外は方面別に番線を統一しているわけではなく、けっこうバラバラである。札幌もそうだが、旭川止まりや旭川始発、さらに旭川をスルーする列車が入り乱れて、系統そのものが単純でない事情によるのだろうか。

しかも旭川止まりの列車は、旭川駅で折り返すものだけでなく、旭川四条(よじょう)より先にある旭川運転所との間で回送されるものもある。

ただし、「ライラック」と「大雪」「サロベツ」を接続させる場面では、必ず同一ホーム上での対面乗り換えとしている。これは、「宗谷」「オホーツク」の札幌直通を減らして、札幌〜旭川間の「ライラック」と、旭川〜稚内間の「サロベツ」あるいは旭川〜網走間の「大雪」を接続させる体系としたため。直通をやめるのであれば、せめて乗り換えを便利にしなければというわけだ。

その対面乗り換えは、3・4番線を使う場合と、5・6番線を使う場合があるが、旅客の立場からすれば、どちらでも大差はない。

ちなみに、配線上は函館本線の札幌方と富良野線の行き来も可能である。ただしそれをするには、1〜3番線のいずれかに発着させる必要がある。

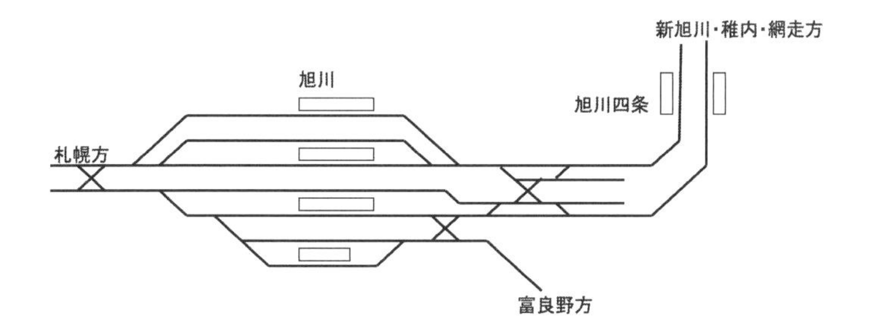

【図3.35】旭川の配線略図。複雑そうに見えるが、「函館本線から宗谷本線に通じる2面4線プラス1面1線、それと富良野線の1面2線」と考えるとわかりやすい

なお、旭川はホームの数が多いので話がややこしそうに見えるが、もっとシンプルなかたちもある。つまり、島式2面4線で、分岐するふたつの路線に1面ずつ割り振る形態。次章で取り上げる、改良工事前の池袋(147ページ参照)が典型例といえよう。

池袋の場合、埼京線と湘南新宿ラインでそれぞれ、1面2線ずつを使用していた。この形態では、2路線が合流するところで必ず平面交差ができてしまう。

分岐する路線のホームを抱き込む

旭川では、分岐する富良野線のホームは南端に沿わせたかたちになっている。ところが常にこのパターンとは限らず、分岐する路線のホームを上下本線間に抱き込んだ事例もある。

そのひとつが新百合ヶ丘(しんゆりがおか)。ここは小田急多摩線の建設に際して、小田原線の本線を南方に移設するとともに、その移設した区間の中途に新設した駅。ゼロベースで分岐駅を構築したので、上下本線間に多摩線ホームを抱き込んだ、スッキリした配置になっている。

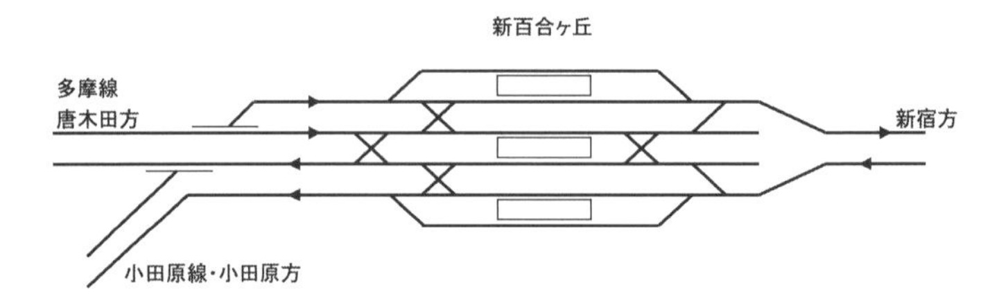

【図3.36】小田急小田原線から多摩線が分岐する新百合ヶ丘

配線上は、小田原線の新宿方と多摩線の直通が可能であり、実際、そのような運転が行われている。

直通列車は多摩線のホームに発着させることもできるし、小田原線の上下本線に発着させることもできる。小田原線列車との乗り換えの利便性を考えれば、小田原線の上下本線に発着させるほうが好ましい。

もっとも、これは比較的近年になってからの話で、多摩線ができた当初は多摩線内の折り返し運転が基本だった。

新宿方に引上線があるが、これは使用せずに着いたホームで折り返すかたち。小田原線との乗り換えに際しては必ずホーム間移動をともなうので、方向を揃えるために引上線に入れる必然性はなかった。今でも、多摩線内を行き来する各駅停車は同じことをやっている。

もっと複雑なことになっているのが、米原（まいばら）。ここは東海道本線から北陸本線が分岐する駅だが、南から順に「東海道本線の下り線」「北陸本線の上下線」「東海道本線の上り線」とホームを並べている。

そして中間に抱き込んだ北陸本線は、東京方で立体交差して北方に分岐している。留置線や貨物関連の線群があるのでややこしく見えるが、それらをあえて無視して見てほしい（だから次ページの【図3.37】では大半を省略した）。

３面６線あるホーム付きの線路は、東海道本線の下りが２・３番線、北陸本線が５・６番線、東海道本線の上りが７・８番線となっている。ホームがない線路が２線あり、それらにも番線が振られているので、こうなった。

ここはＪＲ東海とＪＲ西日本の境界だが、北陸本線もＪＲ西日本のエリアであり、京都方から来た列車のなかには

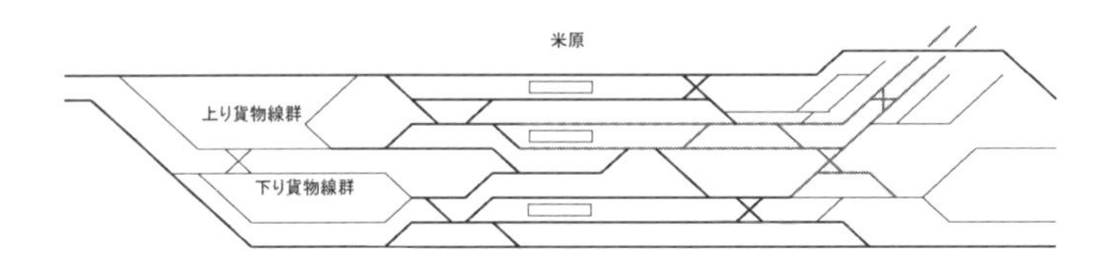

【図3.37】米原は、分岐する北陸本線のホームを東海道本線の上下線間に抱き込んだ配置

北陸本線に直通するものもある。配線上は、東海道本線のホームから北陸本線に出入りすることもできるので、そういう運転ができる。

ところが、若干の例外を除いて、ＪＲ東海エリアからの列車は米原止まり。そこで乗り換えの利便性を考慮すると、名古屋方から到着した米原止まりの普通列車は東海道本線の下りホームに、名古屋方に向かう米原始発の普通列車は東海道本線の上りホームに着けたい。

しかし、この両者は北陸本線のホームを挟んで離れている。よって、降車を済ませた下り列車の車両はいったん名古屋方にある留置線に引き上げて、上りホームに据(す)え付け直すことになる。どのみち、東海道本線の下り本線からいきなり東海道本線の上りホームに進入することはできないのだ。

京都方から到着した米原止まりの上り列車も同じで、やはり名古屋方の留置線に引き上げてから、下りホームに据え付け直すことになる。

ややこしいのが、名古屋〜米原〜金沢間を行き来している特急「しらさぎ」。米原で方向転換するだけでなく、どこのホームに着けるかが問題になる。配線上、名古屋方から到着した下り「しらさぎ」を北陸本線用の5・6番線に着けることはできるし、そこから北陸本線に向けて進出できて何も問題はない。

ところが、金沢方から来た上り「しらさぎ」を5・6番線に着けると、東海道本線の上り線に進出できない。だから、名古屋行きの「しらさぎ」はすべて東海道本線上りホームの7番線に着けている。

なお、京都方から北陸本線に直通する列車は東海道本線の上りホームからでも北陸本線のホームからでも出せるが、北陸本線から京都方に直通する反対方向の列車は、北陸本線のホームに着けられない。6番線からは東海道本線の下り本線に進出できないし、5番線も貨物線を通らないと進出できないからだ。

だから、こちらは東海道本線の下りホームに着ける必要がある。

2面4線の方向別配置と「対面乗り換え」の実施

これは、地下鉄が郊外側で他社局線と相互直通運転を行っているときに、接続駅でしばしば見られるパターン。本書で取り上げているところでは、先に挙げた笹塚(ささづか)や、あとで出てくる代々木上原(よよぎうえはら)が典型例となる。

この場合、接続駅を終着とする地下鉄の列車は、乗客を降ろした後で引上線に入れて、反対側のホームに着ける。こうすることで、どちらの方向についても同一ホームの対面乗り換えが可能になっている。

鉄道配線こぼれ話

中央線の新宿駅で多用される「交互発着」とは?

ひとつの駅で同一方向に対して本線と副本線を用意すると、待避だけでなく交互発着も可能になる。これは、2本の線路に対して交互に列車を発着させる手法。たとえば「本線に列車が到着するのと同時に、隣の副本線から1本前の列車が出発する」といったかたちだ。こうすると、運転間隔の短縮と停車時間の確保を両立できる。中央快速線の新宿駅で多用されている手法だが、東海道新幹線でも見かけることがある。

4章

配線改良工事の知られざる舞台ウラ

現状に合わせて限られた資金投下で造った施設が、周囲の状況や運行系統の変化によって能力不足となり、拡張や大改良を余儀なくされることがある。そして、その改良工事は、驚嘆すべき創意工夫やアイデアに満ちあふれている。

アプローチ線増設で運行を円滑化――東北新幹線福島駅

東北新幹線の福島は、山形新幹線が分岐（ぶんき）する駅。本線はホームを持たない通過線で、その両側に島式1面2線の副本線が設けられている。

普通、新幹線の待避（たいひ）可能駅では副本線は上下1本ずつだが、福島は数が多い。これは、全国の新幹線鉄道網に奥羽（おうう）新幹線の計画が入っていて、その分岐駅が福島になっていたため。

ところが実際にやってきたのは、奥羽新幹線ではなく、既存の奥羽本線に直通するかたちであった。

1本のホームを上り下り兼用にしたデメリットとは？

ただし、経費を抑えて迅速に建設しようとしたためか、新幹線の福島駅と在来線を結ぶ線路は1本だけで、それを下り線側の第2副本線、つまり外側の副本線につないだ。ここを上下双方の「やまびこ・つばさ」が共用している。

そして、東京～福島間は仙台に向かう「やまびこ」と山形・新庄に向かう「つばさ」を連結して走り、福島で分割・併合を行う。

ところが、これがさまざまな制約を生むことになった。

まず、「つばさ」が利用できる番線が1線しかないから、「つばさ」の上下列車で発着時刻が重ならないようにダイヤを組む必要がある。しかも、奥羽本線の福島～庭坂（にわさか）間でも1.5kmほど単線が続くため、同時に1本の列車しか入れられない区間は意外と長い。

次に、併結相手の「やまびこ」は東京方に連結する関係から、発着順が制約される。下り列車では「やまびこ」の発車は必ず「つばさ」よりあとになるし、上り列車では「やまびこ」が先着して、そこに「つばさ」が追いついてくる必要がある。

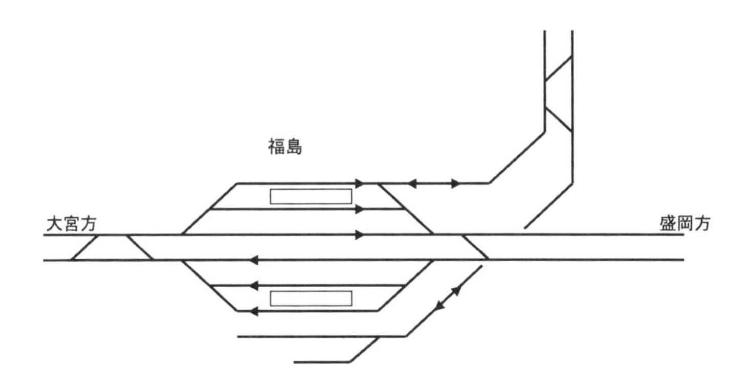

【図4.1】2023年8月現在の福島の配線（新幹線とその関連のみ）。東北新幹線をくぐって下に延びてきているのは、普通列車（いわゆる山形線）が走る地平の線路

そして、山形方面への分岐が下り線側にしかないため、上り「つばさ」と併結する「やまびこ」の到着時、それと併結した「やまびこ・つばさ」の出発時に、それぞれ下り本線を横断しなければならない。

横断が発生している間、当然ながら下り本線は通過不可能になる。

【図4.2】福島に到着する上り「やまびこ」。「つばさ」と併結するため、下り本線を横断して下り第2副本線に進入する

こうした事情から、東北新幹線のダイヤ編成を福島駅が制約しているといえる。上下の「やまびこ・つばさ」は福島とその前後ですれ違わないようにする必要があるし、上り「やまびこ・つばさ」発着の前後に下り線を通過する列車は入れられない。

そして、「やまびこ・つばさ」のダイヤは、それを途中で追い越す「はやぶさ・こまち」にも影響する。

これらを組み合わせて東北新幹線のダイヤを組むことになるが、東北新幹線は大宮以南で上越新幹線や北陸新幹線と同じ線路を共用しているので、東北新幹線のダイヤが、玉突き式に上越新幹線や北陸新幹線のダイヤにも影響することになる。

こうして精緻(せいち)にダイヤを組み立てるだけでも大変な仕事

だが、輸送障害が発生してダイヤが乱れると、それを元に戻す過程でも福島の構内配線に起因する制約がかかわってくる。

たとえば、上り「つばさ」が遅れたらどうなるか。併結相手の上り「やまびこ」も福島到着時刻を繰り下げなければ、併結ができない。しかも上り「やまびこ」は「つばさ」より先に福島に到着させる必要がある。

また、遅れた上り「やまびこ・つばさ」が、所定の下り「やまびこ・つばさ」と福島付近でかち合ってしまったらどうするか。

その下り「やまびこ・つばさ」が福島の手前で停車して、ホームが空くのを待つようなことにでもなれば、後続列車が次々に頭を押さえられてしまう。すると、遅れは仙台・盛岡・新青森方面まで波及しかねない。

旅客案内上の問題もある。同じホームから上下双方の列車が出るから、案内に注意しないと誤乗(ごじょう)の元だ。つまり、下り列車に乗るつもりの乗客が上り列車に乗ってしまったり、その逆になったりという話。

平常時はまだしも、ダイヤが乱れると所定時刻通りの発着にならないから、誤乗の可能性は上がる。

「アプローチ線増設」という大改良で問題解決

こうした課題を解決するため、福島では「上りアプローチ線新設工事」が進んでいる。

福島の北西で上り線を分岐させて、それを新幹線駅の上り第2副本線につなごうというものだ。

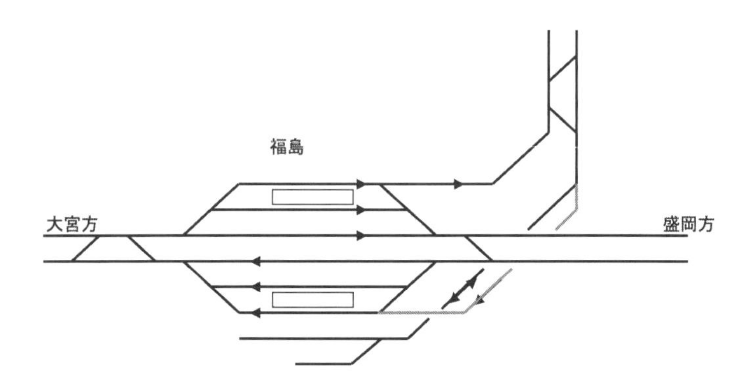

【図4.3】アプローチ線増設後の福島駅の配線。上り「つばさ」を直接、上り第2副本線に着けられるようにする

【図4.4】工事中のアプローチ線を、上り列車の車中から撮影

こうすると、以下の問題を解決できる。

＊同一ホームから上りと下りの列車が発着することに起因する、案内上の問題と誤乗しやすい問題
＊上り「やまびこ・つばさ」が発着時に下り線を平面交差して塞(ふさ)ぐ問題
＊その平面交差に起因するダイヤ編成上の制約や、乱れたダイヤを元に戻す際の難しさ

福島～山形～新庄間がフル規格新幹線の新線ではなく在来線への直通という点を無視すれば、結果的に当初の「奥羽新幹線」の構想に近づいたかたちになるといえそうだ。

福島駅と似た配線の盛岡駅が問題にならない理由

同じように、新在(しんざい)直通のための分岐がある東北新幹線の駅として、秋田新幹線が分岐する盛岡がある。

ここも、上り「こまち」が到着する際に平面交差があるが、その位置が異なる。分岐は盛岡駅の北方にあり、上り「こまち」は下り本線を横断して上り線に入ったあとで、盛岡駅の上り副本線に入ってくる。

すると福島と違って、同じホームから上下双方の列車が出ることに起因する案内上の難しさは発生しないし、ダイヤ編成上の制約も少なくなる。そもそも、福島と比べると盛岡に発着する列車の数は少ないので、交差支障による影響も福島より少ない。

なお、盛岡でも福島と同様に、在来線（田沢湖(たざわこ)線）の普通列車が地平のホームに発着する。ところが、そのホームを

在来線エリアのまっただなかに設置したところが、福島と異なる（福島では、標準軌に改軌した「山形線」のホームは地平エリアの西端にある）。

その結果として何が起きたかというと、標準軌に改軌した田沢湖線ホームの西側に、狭軌（きようき）の東北本線・下り副本線が残った。

そのため、狭軌と標準軌が平面交差するダイヤモンドクロッシングが設けられた。似たような事情から、秋田の構内にも同様のダイヤモンドクロッシングがある。

これら以外では、奥羽本線において羽前千歳（うぜんちとせ）の南方、それと四ツ小屋〜秋田間に、狭軌と標準軌が平面交差するダイヤモンドクロッシングがある。

羽前千歳は、この位置で狭軌の線路と標準軌の線路の位置が入れ替わるため。四ツ小屋〜秋田間は、この位置で標準軌の線路が狭軌の線路を横切って、線路の西側にある車両基地に出入りするためのものである。

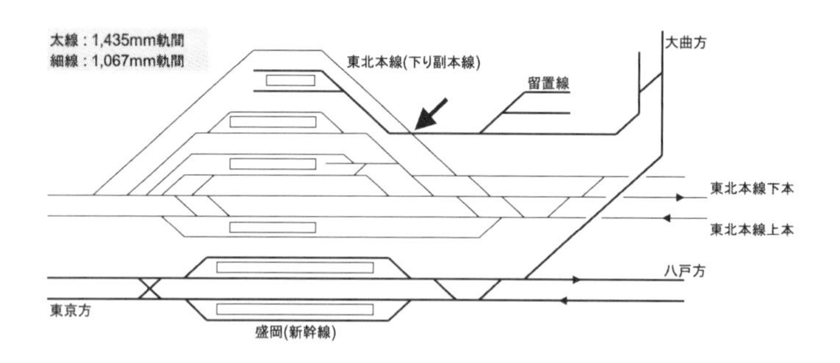

【図4.5】盛岡の構内配線。在来線（田沢湖線）の普通列車が地平のホームに発着するところは、福島と同じ。秋田でも、狭軌の線群のただ中に標準軌を割り込ませたため、狭軌と標準軌が平面交差するダイヤモンドクロッシング（矢印の指す箇所）がある

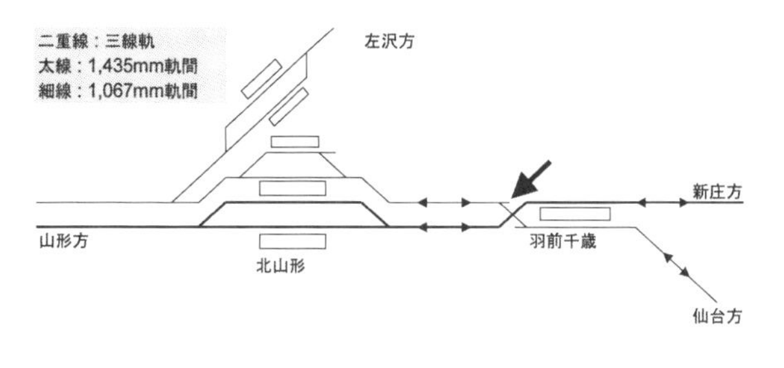

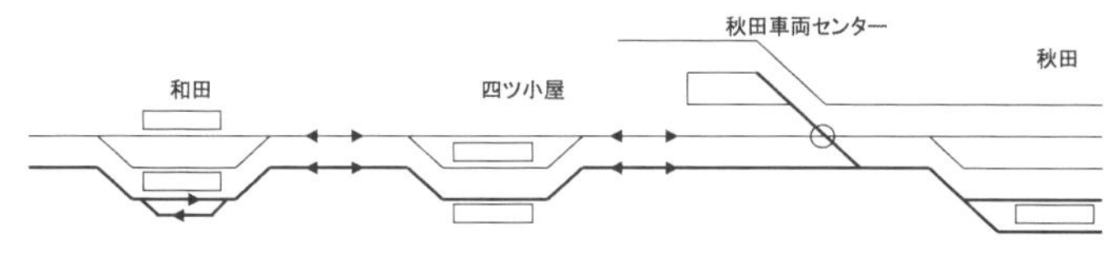

【図4.6】標準軌と狭軌が平面交差する事例いろいろ。狭軌の既存線の一部をあとから改軌したため、こんなことになった

【図4.7】羽前千歳の平面交差を南側（山形方）から見たところ。手前から奥に向かうのが標準軌側（山形線）、左手から右手に向かうのが狭軌側（仙山線）

支線のために単線を増やす——函館本線札幌～桑園間

ある路線の途中から別の路線が分岐する場合、主要な拠点駅から分岐する事例が多い。

ところが何事にも例外はあるもので、拠点駅の隣駅から分岐する事例もある。

すると、列車の運行本数が多い大規模な拠点駅では、分岐する支線への往来でボトルネックが生じることになる。

ボトルネックを生むふたつの理由とは?

利用者にとっての利便性を考えれば、分岐する支線に向かう列車も拠点駅から発着してくれるほうが嬉しい。そうしないと「1駅乗っただけですぐに乗り換え」ということになるし、所要時間も増える。

先に挙げた水郡線(すいぐん)(124ページ参照)はそこに配慮した一例で、分岐駅である安積永盛(あさかながもり)ではなく、隣の郡山(こおりやま)に発着させている。

ところが、支線に直通する列車を隣の拠点駅から出すことになれば、1駅間だけ、ふたつの路線の列車が同じ線路を共用することになる。その分だけ列車運行本数が増えて、ダイヤが過密化する。しかも、支線の分岐が平面交差になっていると、交差支障が発生する。

これはダイヤ編成時の制約になるだけでなく、ダイヤの乱れを回復させようとしたときに足を引っ張る。

支線への直通列車のために線路を増設

そこで、支線に直通する列車のために線路を増設した事例を見てみる。

まず、函館本線の札幌～桑園。札幌はいわずと知れた函館本線の駅だが、小樽方の隣駅・桑園から札沼線（学園都市線）が分岐している。そして、札沼線の列車は札幌まで直通する。

札幌駅が高架になったのは1988（昭和63）年11月だが、その時点では、札沼線の列車は函館本線の上下線を共用していた。そして桑園は今と同じ島式２面４線構成だが、この時点では方向別になっていた。

つまり、南側のホームは函館本線の上りと札沼線の下り、北側のホームは函館本線の下りと札沼線の上り、となる。そして、札沼線と函館本線の交差支障が発生する。

そこで、函館本線の下り線を札沼線に転用するとともに、函館本線の上下線間にあった引上線のうち北側の１本を函館本線の下り線に転用した。これが実現したのが1994（平成６）年11月のこと（次ページ上【図4.8】参照）。

これでいくらかボトルネックが解消されたが、制約は残っている。北半分のホーム３面（８～11番線）に小樽方から進入する函館本線の下り列車と、札沼線の列車が交差支障を起こす場面が考えられるからだ。

たとえば、函館本線の下り列車が桑園方から８～11番線のいずれかに進入すると、札沼線の列車に対して設定できる進路を横断するので、札沼線の列車は手前で待たされる。

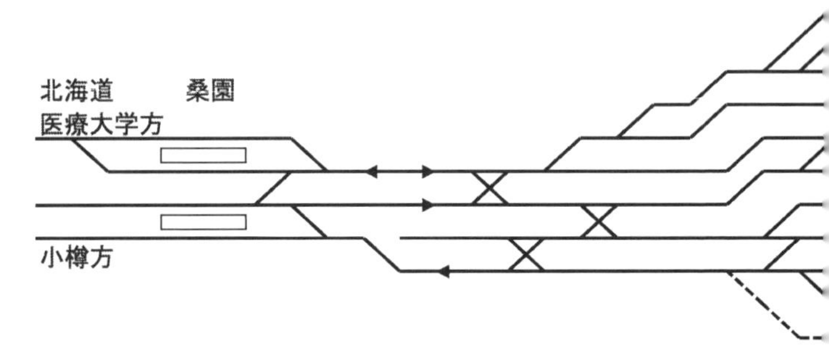

【図4.8】桑園～札幌の配線略図。桑園～札幌では、函館本線の複線の北側に札沼線の単線を確保した。札幌から先は函館本線と千歳線の方向別複々線。いちばん下の1番線は、新幹線工事のために使用を停止した

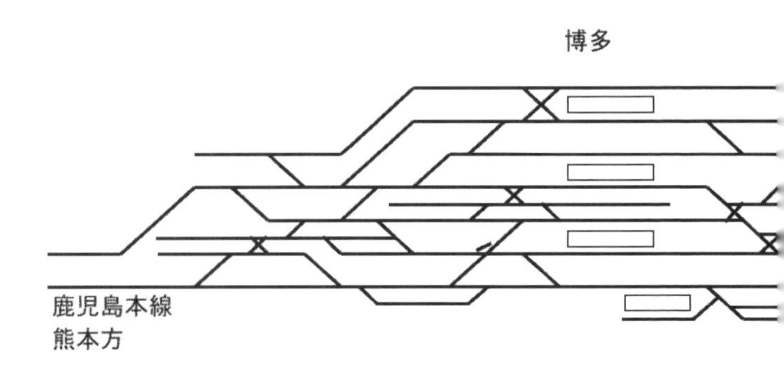

【図4.9】鹿児島本線の吉塚～博多間。篠栗線（福北ゆたか線）の単線を増設する改良が行われたため、博多への直通が可能になった

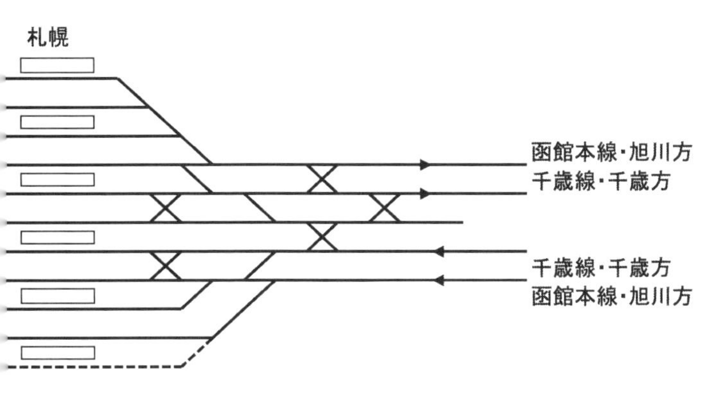
札幌
函館本線・旭川方
千歳線・千歳方
千歳線・千歳方
函館本線・旭川方

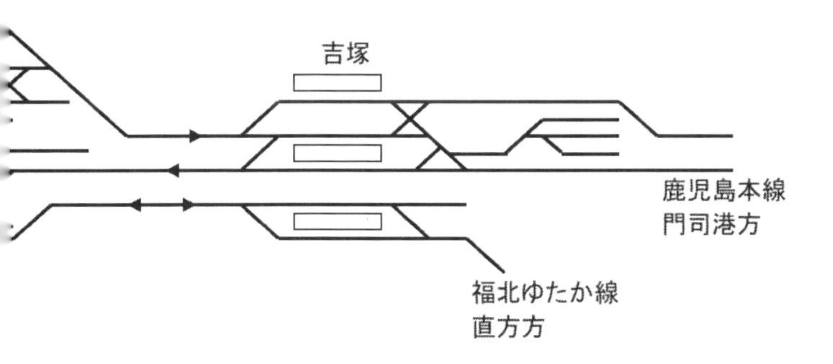
吉塚
鹿児島本線
門司港方
福北ゆたか線
直方方

逆のケースでも制約があり、札沼線の列車が札幌駅で７～11番線のいずれかに進入すると、函館本線の下り列車が並行して進入できるのは６・７番線に限られる（もちろん、７番線に同時に入れることはできない）。

航空写真を見るとわかるが、札幌駅は南側が一直線で、北側に向けて敷地が膨（ふく）らむかたちになっている。必然的に北方に向けて順次、線路が分岐していくので、北寄りの番線になると、「分岐の付け根」を南寄りの番線と共用する場面ができてしまう。

また、札沼線の札幌～桑園間は単線なので、そのこと自体が制約要因になる。札沼線は桑園の隣駅・八軒（はちけん）からあいの里教育大まで複線化されたが、根っこのところに単線が残っているのはつらいところ。

その限られた設備を最大限に活用するから、札沼線の上下列車が桑園で交換する場面がしばしば見られることとなった。

これは、鹿児島本線から篠栗（ささぐり）線（福北ゆたか線）が分岐する吉塚（よしづか）にもいえること。ここは博多の隣駅だが、当初は鹿児島本線の線路容量が足りず、篠栗線の列車を吉塚で止める場面が多かった。

すると、篠栗線の沿線から博多に出るためには、吉塚で乗り換えて１駅だけ鹿児島本線の列車を利用しなければならない。

そこで1991（平成３）年３月に、吉塚～博多間に篠栗線のための単線が増設された。ここも桑園と同じ理由で、篠栗線の上下列車が吉塚で交換する場面が日常的になっている（144ページ下**【図4.9】**参照）。

立体交差化で交差支障を解消――JR池袋駅

列車の運行本数が少なければ、平面交差で交差支障が発生しても大した問題にならない。

しかし、運行本数が増えてくると、話は違ってくる。ダイヤ編成の阻害（そがい）要因になるだけでなく、ダイヤが乱れたときの回復も邪魔してしまうからだ。

湘南新宿ラインと埼京線が平面交差していた

たとえば、池袋のうち埼京線と湘南新宿ラインがかかわる部分。

もともと、池袋～赤羽間は赤羽線という独立路線で、この区間で折り返し運転を行っていた。そのため、西端に山手線のホームが島式２面４線、その東側に赤羽線の島式１面２線、東端には田端方面に向かう山手貨物線の線路を配置した。

このうち山手貨物線には、あとからホームが設置されて、東北本線から乗り入れてきた旅客列車が発着するようになった。

その後、1985（昭和60）年９月に埼京線が開業する。赤羽～大宮間は東北新幹線と並行するかたちで新線を建設したが、池袋～赤羽間は赤羽線に直通することとした。その後、埼京線は山手貨物線に直通して新宿・恵比寿・大崎（おおさき）へと南下する。

一方で、「湘南新宿ライン」という新手の系統が登場した。これは赤羽〜池袋〜新宿〜大崎にかけて東北本線の貨物線と山手貨物線を使い、その両端で、北は東北本線と高崎線、南は東海道本線と横須賀線に直通させるというもの。

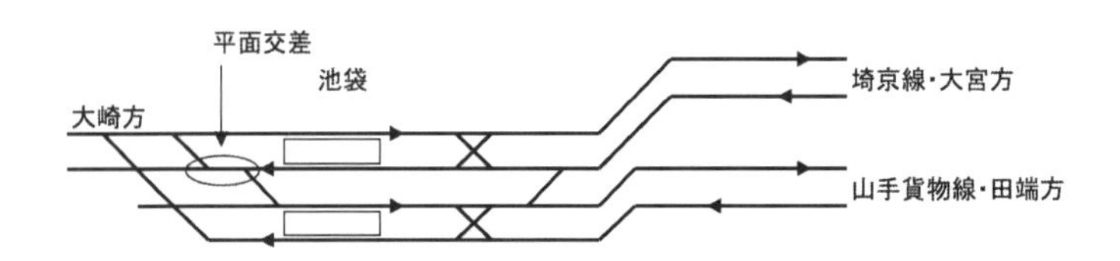

【図4.10】改良前の池袋。埼京線と山手貨物線は線路別の配置

この時点では前述のように、池袋では赤羽線改め埼京線と山手貨物線が、それぞれ線路別に並んでいた。すると何が起こるか。

池袋から南では、埼京線も湘南新宿ラインも同じ山手貨物線の線路を共用する。だからこの両者は池袋の南方で合流するのだが、そこで「田端（たばた）方面に向かう湘南新宿ライン北行」と「新宿・大崎方面に向かう埼京線の上り」が平面交差することになった。

この交差支障がダイヤ編成のボトルネックになり、改良が求められた。

立体交差化&方向別のホームに再構成

単純に考えれば、池袋の南方にある平面交差を立体交差に改める手もある。

しかしそれでは工事が大がかりになってしまうし、池袋のホームが線路別のまま残ってしまう。

そこで出てきた答えは、池袋の北方を立体交差化するとともに、池袋のホームを方向別に改める方法だった。

具体的には、池袋の北方で埼京線が山手貨物線をオーバークロスするかたちとして、埼京線の上下線の間に山手貨物線を抱き込む方向別配線とした。

こうすることで、交差支障がなくなっただけでなく、同一方向の埼京線と湘南新宿ラインの相互乗り換えが楽になったのだ。

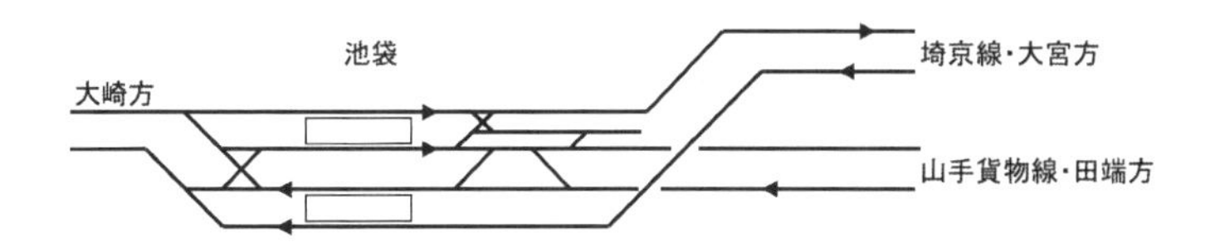

【図4.11】池袋の北方に立体交差を設けることで、交差支障の解消に加えて、方向別のホームに再構成

連絡線の新設で交差支障を解消——小竹向原駅

当初、平面交差があっても乗り切れると判断していたものが、結局は大改良を余儀なくされた事例もある。

それが、東京メトロ副都心線・有楽町線に西武有楽町線が合流する小竹向原（こたけむかいはら）。

ダイヤの混迷を生んでいた平面交差

小竹向原では、以下の４線がX型に接続している。

＊西武有楽町線～西武池袋線
＊東京メトロ有楽町線（和光市（わこうし）方）～東武東上線
＊東京メトロ有楽町線（池袋方）
＊東京メトロ副都心線

路線図としてはX型だが、運行系統はすべての順列組み合わせが存在する。

その内訳はこうなる。

＊西武有楽町線～西武池袋線←→東京メトロ有楽町線（池袋方）
＊西武有楽町線～西武池袋線←→東京メトロ副都心線～東急東横線

＊東京メトロ有楽町線（和光市方）～東武東上線←→東京メトロ有楽町線（池袋方）
＊東京メトロ有楽町線（和光市方）～東武東上線←→東京メトロ副都心線～東急東横線

「東武東上線～東京メトロ有楽町線←→東京メトロ副都心線」と「西武池袋線～西武有楽町線←→東京メトロ有楽町線」の２系統だけなら話は簡単だ。前者が複々線の外側、後者が複々線の内側にあり、駅の前後は立体交差になっているから、交差支障は発生しない。

ところが実際には、すべての順列組み合わせが存在する。そして当初の配線では、小竹向原の池袋側で平面交差があった。

これにひっかかるのは、「東武東上線～東京メトロ有楽町線←→東京メトロ有楽町線」と「西武池袋線～西武有楽町線←→東京メトロ副都心線」だ。

そして相互直通運転を始めてみたら、ダイヤの乱れが発生すると出発待ちの連鎖につながり、たちまち関係各線に波及する事態になった。

出発待ちになった列車がホームを塞がないように、とりあえず進出するための線路（ダンパー線）を設けたものの、抜本（ばっぽん）的な解決にはならなかった。

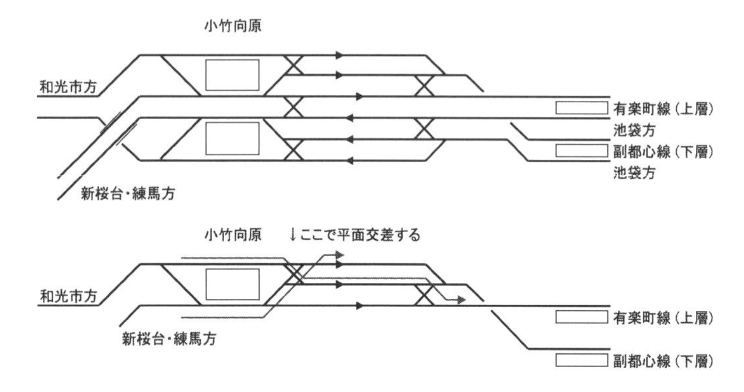

【図4.12】小竹向原の当初の配線と、そこで発生した交差支障。池袋方は6線あるが、2番目と4番目が待機のためのダンパー線だった

大規模な改良工事により懸案を解消

そこで行われたのが、トンネルと連絡線の新設。平面交差する系統の運行を止めればいちばん安上がりだが、それでは利便性が低下するので、大規模な改良工事が行われた。

もともと、池袋方の隣接駅・千川（せんかわ）の有楽町線側には、小竹向原方に保守用車のための引込線があった。

それをそのまま延伸するかたちでトンネルを掘って、新しい連絡線を構築した。それとともに配線改良を行い、交差支障を解消した。

改良後の配線では、小竹向原の外側２線を有楽町線と直結するので、東武東上線〜東京メトロ有楽町線の直通列車は連絡線を通ってまっすぐ有楽町線に抜けられる。

西武有楽町線〜副都心線の直通列車は、外側から２番目の線路を通って、まっすぐ副都心線に進入できる。

この小竹向原の改良工事は、比較的珍しい、地下線の大改造工事。うまい具合に利用可能な引込線があったとはいえ、手のかかる工事になったのは確かだろう。

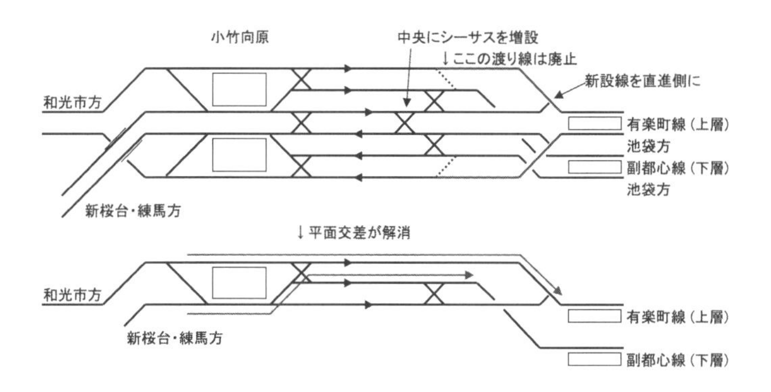

【図4.13】現在の小竹向原の配線。連絡線の新設と配線変更により、すべての組み合わせで交差支障を解消した

【図4.14】西武線内を走る東急5050系4000番台。東京メトロ・西武・東武・東急がかかわる相互直通運転の結節点となる小竹向原の配線改良工事は、地下駅としては大規模なものになった

駅の移設と乗降ホームの集約——東京メトロ銀座線渋谷駅

「ビルの３階から地下鉄が発車する」といってネタにされるのが、東京メトロ銀座線の渋谷。渋谷の街がもともと谷間にあるため(そのことは、東西に宮益坂(みやますざか)や道玄坂(どうげんざか)があることでわかる)、青山一丁目方から来た地下鉄を同一レベルのままにすると地上に出てしまう。

デパートのビルと一体だった銀座線渋谷駅

銀座線の駅は、山手線の駅の真上に陣取る東急百貨店東横店(現在は閉店)の建物と一体化していた。

駅は、複線の左右にホームを設けた対向式２面２線の構成で、南側のホームが降車専用、北側のホームが乗車専用。到着した列車は降車専用ホームで乗客を降ろしたあと、西方にある車両基地の入出庫線に引き上げてから、折り返して乗車専用ホームに着ける流れとなる。

つまり、入出庫線が引上線を兼(か)ねている構造だが、入出庫が大量に発生するわけではないので、これが問題になることはなかったと思われる。駅の西側にある渡り線は片渡りだから、車両基地の手前で引上線として使用できるのは１線だけだったかもしれない。

なお、駅の東方に片渡り分岐があり、これを使用すると到着列車を直接、乗車ホームに着けることができる。しかし、あくまで非常用であったようだ。

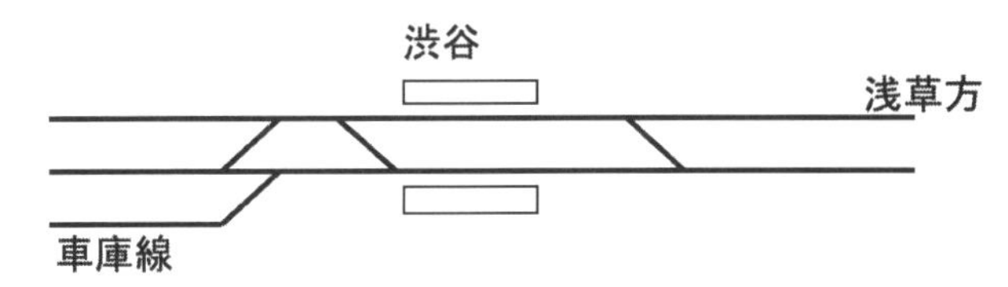

【図4.15】改良工事前の銀座線渋谷駅。車両基地内の線路は本題と関係ないので省略した

ところが渋谷駅の大改良・再開発構想が持ち上がり、その一環として銀座線の駅を東方に移設することになった。

東急百貨店東横店の建物と駅が一体化したままでは改良工事もままならないし、複雑に入り組んだ通路の構成を抜本的に見直すのも難しい。そこですべて御破算（ごはさん）にしてガラガラポンというわけだ。

そして、銀座線の渋谷駅は駅の東側にある明治通りの直上に移すとともに、島式1面2線の構成に改めることになった。ただし、駅の西方にある車両基地は使用を継続するため、出入りできるようにしておく必要がある。

【図4.16】改良工事前の渋谷駅東方。現在はこの位置に駅が移動した

【図4.17】移設前の渋谷。まず片方の線路を移設して上下線間を拡げることで、島式ホームを挟むスペースを確保

【図4.18】そこに屋根を被せるとともに、ホームを構築している途上

移設後の銀座線渋谷駅はこうなった

2020（令和２）年に、銀座線の駅移設は完了している。前述のように、新しい駅は明治通りの上に高架で設けており、A線とB線の間を広げて、島式１面２線の構成に改めた。

移設後の駅で面白いのは、南側の１線は行き止まりで折り返し専用、北側の１線だけが車両基地に通じる配線となったこと。行き止まりになった南側の線路は現在の駅の位置で途切れるかたちなので、それより西方は線路の上に蓋（ふた）をして通路として使われている。

そして、その通路の北側に、車両基地に通じる線路が隣接している。

【図4.19】移設後の駅から旧駅のほうを見る。旧駅付近で線路の付け替えが発生しており、北側の線路が南側の線路につながるかたちに改められた。この奥に車両基地がある

また、到着列車はいずれの番線にも出入りできないと困るので、駅の東方にはシーサスクロッシングが設けられた。

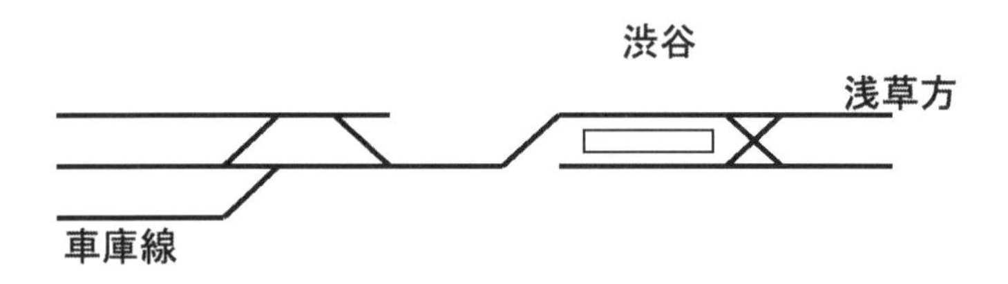

【図4.20】移設後の銀座線渋谷駅

この構成では、移設前のような「降車ホームと乗車ホームの分離」は行えないし、現に行っていない。一般的な島式1面2面構成の終端(しゅうたん)駅と同様の使い方で、そのうち片方の線路については「車両基地への出入りもできますよ」という運用になる。

乗降分離をやめるとなると、到着列車から降車する乗客と、これから乗車する乗客の動線が交錯することになるが、それは整列乗車位置を側扉の正面ではなく横にずらすことで、ある程度は対応できる。

それに、幅が狭い降車ホームと乗車ホームが別々にあった移設前の状態よりも、幅が広い島式ホーム1面にまとめた現在の状態のほうが、ホームの空間を柔軟に使えるのではないだろうか。

歴史に消えた「日本初の立体交差」——鹿児島本線折尾駅

日本で、鉄道同士が立体交差している駅が初めて誕生したのは福岡県の折尾(おりお)。

しかし、立体化事業とそれにともなう配線変更により、現在では「日本初の立体交差駅」は消滅した。

折尾に立体交差駅ができた背景とは?

折尾では、まず1891(明治24)年2月28日に九州鉄道(現・鹿児島本線)の駅ができて、次に同年8月30日に筑豊(ちくほう)興業鉄道(現・筑豊本線)の駅ができた。

この時点では、九州鉄道の駅と筑豊興業鉄道の駅は離れていたが、それが1895(明治28)年11月1日に統合されて、現在の位置になった。筑豊本線は地平を南北に走り、その上を鹿児島本線が東西に築堤(ちくてい)で走り、筑豊本線をまたぐ部分は橋梁(きょうりょう)になった。

また、1893(明治26)年6月30日に、鹿児島本線の黒崎から筑豊本線の中間(なかま)に至る短絡線ができた。これは、筑豊本線の貨物列車を小倉方面に流すためのもの。当初は貨物線だったが、後に旅客列車も通るようになった。

ただし当初は折尾駅をかすめる部分にホームがなかったため、折尾駅は通過となっていた。その後、1988(昭和63)年3月13日に、複線の短絡線を挟むかたちで6番線ホームと7番線ホーム、それと鷹見口が新設された。

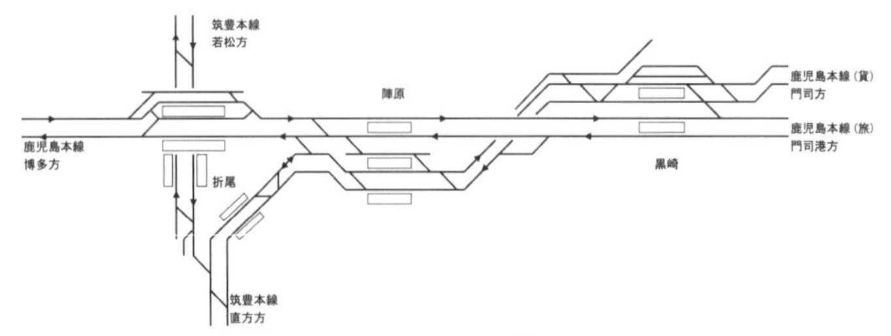

【図4.21】立体化が行われる前の折尾周辺の配線略図

新たな配線はどんな経緯で構築された?

しかし、十字に交差する鉄道で市街地が分断されるうえに、地平の線路には踏切があって道路交通が遮断される。それに加えて、鷹見口は「離れ小島」で使い勝手が良くない。これらの問題を一挙に解決するべく、立体化と配線改良が行われることになった。

そこで問題になるのが、筑豊本線の扱い。立体交差を維持しながら踏切を解消しようとすれば、高架同士の立体交差が必要になる。それでは工事が大がかりになるうえに、高い構造物ができるから日照権の問題も懸念される。

しかも地上から上層の高架まで登ると、長い勾配または急勾配が発生してしまう。そして、駅構内の構造が複雑になる問題も出てくる。

といって、西宮北口（阪急神戸線）のように、交差する筑豊本線を単純にちょん切るわけにも行かなかった。筑豊本線は折尾以南が電化されて、「折尾以南」と「折尾以北」で運転系統を分断したものの、車両はいずれも直方の配置。すると、「折尾以南」と「折尾以北」を直通できるようにしておく必要がある。

そんな事情を勘案した結果、新しい駅は短絡線、鹿児島本線、筑豊本線のホームを（ほぼ）平行に並べる配置となった。鹿児島本線はもともと地平ではないが、これは築堤からコンクリート高架橋に作り直して、短絡線や筑豊本線と一体化することになった。

そして、鹿児島本線の南側に設ける短絡線は駅の西方で南に曲げて筑豊本線につなぎ、鹿児島本線の北側に設ける筑豊本線は駅の西方で高度を下げて短絡線と合流させる――そんな配線にする方針が決まった。

そして折尾のいまの姿は…

では、現在の折尾周辺の配線はどうなっているか。

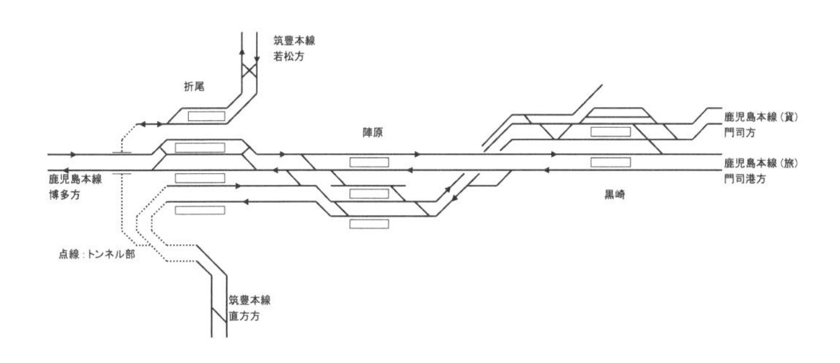

【図4.22】現在の折尾周辺の配線略図。陣原～黒崎にかけては目立つ変化はない

筑豊本線（若松線）は北側に島式1面2線のホームを、筑豊本線（短絡線）は南側に対向式2面2線のホームを確保しているので、線路や番線の数は立体交差時代から変わっていない。

ただし、鹿児島本線も含めて同じ向きに揃えて同一レベルで統合したため、構造物の造りも駅構内の通路もスッキリした。ただし、筑豊本線（若松線）だけ、ちょっと北方に離れてはいるが。

面白いのは、筑豊本線（若松線）、鹿児島本線、筑豊本線（短絡線）のそれぞれを島式１面２線とするのではなく、鹿児島本線だけ２面３線構成としたこと。中間の１線には折尾で折り返す列車を入れているが、普通列車が特急列車を待避する場面も想定していると思われる。

また、この配置では小倉方に向かう筑豊本線（短絡線）の上り列車と、博多方に向かう鹿児島本線の下り列車が同一ホームの左右で乗り換えられるから、乗り換えの利便性という点でも理に適（かな）っている。

ただし一方で、小倉方から到着する折尾止まりの列車が鹿児島本線上りホーム側に到着してしまうため、折尾止まりの列車からさらに博多方面に向かう列車に乗り継ごうとすると、ホーム間移動が必要になってしまう。

これについては、手前の黒崎駅で乗り換えてもらう手がある。「ひとつ手前の駅で乗り換えを勧（すす）める」（34ページ参照）で取り上げた、蕨（わらび）や東船橋の事例と同じだ。

もっとも、快速が通過する陣原で折尾止まりの普通列車に乗り込み、折尾で博多方面に向かう列車に乗り継ぐ場合だけは割を食うかたちになっている。黒崎は、快速・区間快速・普通列車のすべてが停車するので問題ないのだが。

そして、折尾以北の、いわゆる「若松線」に蓄電池電車のBEC819系「DENCHA」が導入されたことで、折尾を挟む直通運行が復活した。

5章

用地の狭さを克服した驚きの配線

「狭い日本、そんなに急いでどこへ行く」という有名な標語がある。そのパロディとして「狭い日本、急いで行けば、なお早い」もある。そんな標語を象徴するのが鉄道をはじめとする交通機関の発達だが、そこにはえてして「用地の制約」がついて回るのだ。

狭い駅構内を有効活用する工夫とは？

日本はもともと国土がそんなに広いほうではないうえに、比較的少ない平野部に多くの人口が集中している。すると都市部では、ますます土地が貴重になり、地価が上がる。それでは鉄道用地をむやみに広く確保するのは難しい。

結果として、限られた敷地の中で工夫をする場面がいろいろ出てくる。

番線数と効率を両立させた小田急新宿駅

たとえば、小田急小田原線の新宿。ここはご存じの通り、東側をＪＲ東日本の駅、西側を京王電鉄京王線の駅に挟（はさ）まれている。

現在の基本形ができたのは1964（昭和39）年２月だが、まずはその前がどういうかたちだったのかを見ておく。

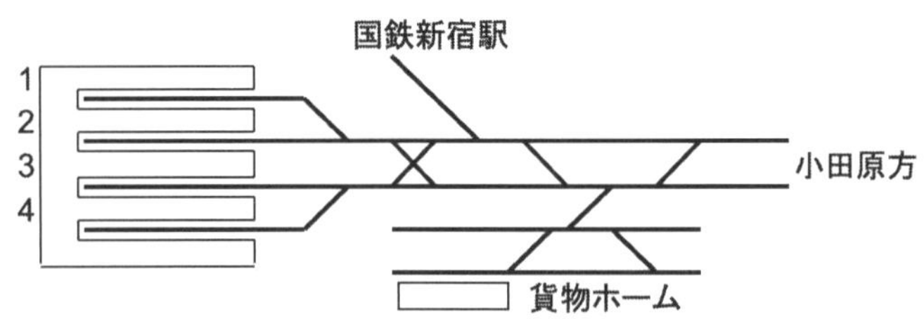

【図5.1】現在の二層構造に改められる前の、小田急小田原線新宿駅

現在は地上と地下の二層構造だが、その前は地上のみだった。開業当初は２面２線でスタートしたが、乗客の増加

を受けて番線を増やしたり、ホームを増やして乗車ホームと降車ホームを分けたりした。しかしそれでも限界に達したうえに、編成長も６両がいいところ。そこでゴッソリ作り直すことになった。

ところが前述のように、東側も西側も「使用済み」で、横方向に拡張することはできない。そこで上下に拡張しようという話になった。

上野のように地上と高架に分ける方法も考えられるが、新宿から南方にかけての地形を見ると、少しずつ標高が下がっている。サザンタワーの南側にある踏切から甲州街道に向けて歩いてみると、すぐに理解できる。

すると、新宿駅の南方で上下に振り分けて、地上ホームに向かうほうは上り、地下ホームに向かうほうは下り、とするほうが理に適(かな)っている。こうしてできあがったのが、地上に３線、地下に２線を振り分けた現在の駅だ。

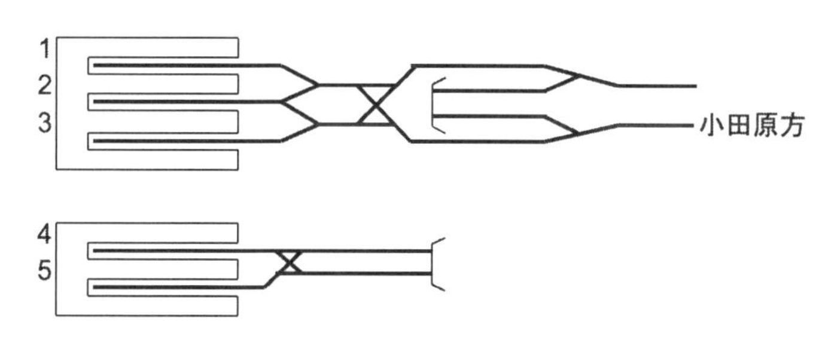

【図5.2】現在の小田急新宿駅。珍しい地上・地下の二層構造

地上側はシーサスクロッシングを通ったあとで左右に線路を振り分けて、その間にＹ型の線路を挟んでいる。地下はもっとシンプルで、単にシーサスクロッシングを挟んだ

だけだ。

この二層構造により、面白いプラスの波及効果があった。それが、到着列車と出発列車の競合が減ったこと。発着競合表を下に示す。

到着／出発	1	2	3	4	5
1	＝	×	×	○	○
2	○	＝	×	○	○
3	○	○	＝	○	○
4	○	○	○	＝	×
5	○	○	○	○	＝

【表5.1】小田急小田原線新宿駅の発着競合表

地上部分の３線では、「×」と「○」がきれいに分かれた、平面交差としては最善の内容になっている。さらに、地下の２線を地下に振り分けたことで、この２線と地上の３線との競合を回避。同時発着が可能なケースを大幅に増やした。これは、ダイヤ編成上の制約を減らす効果につながっている。

現状の構成では、すべての番線が左右にホームを設けたかたちになっており、乗車ホームと降車ホームを使い分けられる。

しかし実際には、１・２番線は事実上のロマンスカー専用であり、わざわざ乗降を分離する必然性は乏(とぼ)しい。だから現在、１番線は使われていない。

当初は中型車（全長18m）の８両編成に見合った規模で作られたが、その後、大型車（全長20m）の10両編成を入れられるようにホーム延長工事が行われた。

このとき、地下ホームも延長対象になったため、地下ホームからの線路と地上ホームからの線路の合流地点が小田原方にずらされた。その影響で、隣駅の南新宿まで玉突き式に移動する羽目(はめ)になった。

ホームの拡張に苦心した京王新宿駅

では、お隣の京王線はどうか。

こちらも以前は地上駅だったが1963(昭和38)年に現在の地下駅ができた。東側は小田急の駅、西側は道路や地下街があり、用地の幅という点ではこちらのほうが条件が厳しい。しかも、小田急のように「地上と地下に振り分ける」とはいかない。それでは甲州街道を塞(ふさ)いでしまうので、地下駅になった。

当初は18m車6両分でスタートしたが、たちまち足りなくなり、18m車7両分、20m車8両分、そして今の20m車10両分、と延長を重ねた。

しかし、北端は既存構造物の関係で延長できないので、南側に拡張するしかない。

その拡張の過程でスペースが足りなくなり、線路を1本減らして3線にしたり、降車ホームを撤去して線路を移設したりと、さまざまな工夫を強(し)いられた。

ことに特急用のホームを見ると顕著(けんちょ)だが、線路はグネグネしているし、柱の配置や床の継目(つぎめ)はゴチャゴチャしている。これは、拡張の過程で行われたさまざまなやりくり算段の名残(なごり)だ。

もうひとつ、京王線の駅で分が悪いのは、駅は南北方向にあるのに、駅を出るとすぐに西方に向けて曲がること。これがまた、スペースの制約につながっている。

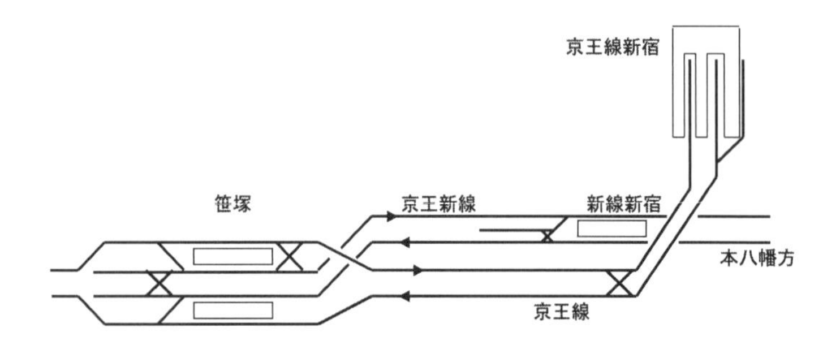

【図5.3】京王線新宿駅・新線新宿駅の配線（一部の駅は省略）。新宿駅のシーサスクロッシングが遠いのはつらいところ

その結果、シーサスクロッシングは現在、駅を出て曲がった先に設けられている。つまり、シーサスクロッシングまでの距離が遠い。おまけに、１番線と２番線がシーサスクロッシングと駅の間の線路を共用している。この２点が、ダイヤ構成上の制約要因になっている。

まず、１番線に進入する列車は上り線からシーサスクロッシングを通って下り線に渡ったあとで、カーブを通って１番線に進入する。その間、２番線への出入りは行えない。２番線への進入と１番線からの出発も同様となる。

それに加えて、１・２番線に出入りする列車がシーサスクロッシングを通っている間は、３番線からの出発が行えない。そして、シーサスクロッシングと駅が離れているから、支障が生じる時間が長くなってしまうのだ。

なお、３番線への進入と１・２番線からの出発は同時に行える。

その後、都営新宿線への直通ルートとして笹塚（ささづか）で分離する京王新線ができたことで、新宿駅の負担はいくらか減ったと思われる。少なくとも列車本数という観点では。

重層高架の青砥と、支線のみ高架にした京成高砂

京成電鉄の青砥(あおと)は京成本線と押上線の分岐駅で、当初は地平駅だったが、のちに高架化された。ただし、用地の制約によるのか、下り線が３階、上り線が２階の重層高架になった。

そこから京成高砂(たかさご)までは方向別複々線だから、重層高架から登り、あるいは下りの勾配をつけて、レベルを揃えている。

隣駅の京成高砂はもともと、金町(かなまち)線が分岐していた。そこに押上線が加わったことで、この２駅間でX型の分岐を構成することになった。首都高速に見られる、ふたつのジャンクション（ＪＣＴ）を近接させて２路線をクロスさせる形態と似ている（熊野町ＪＣＴ～板橋ＪＣＴや堀切(ほりきり)ＪＣＴ～小菅(こすげ)ＪＣＴみたいなものだ）。

京成高砂は配線からすると、京成上野方から金町線への直通が可能で、実際、過去には直通の事例もあった。ただし、金町線列車の発着は、下りは１番線、上りは３番線に限られる。

のちに北総開発鉄道の第二期線が京成高砂まで延びてきたことで、青砥～京成高砂間はX型どころか、さらに尻尾(しっぽ)（？）が１本生えた複雑な構成になった。そこに北総開発鉄道～京成押上線～都営浅草線の系統ができて、さらに成田スカイアクセス線の話まで出てきた。

すると「スカイライナー」が上野方面と北総開発鉄道方面を行き来するので、新たな流れが加わる。しかも京成高

砂には車庫まである。

そうなると、金町線の扱いが問題になる。金町線が線内折り返し運転を行っていると、折り返しのために京成高砂のホームをひとつ塞いでしまうのだ。

そこで出てきたアイデアが、金町線を高架に上げて線内折り返しとする方法。これで、地上の２面４線は京成本線と北総開発線・成田スカイアクセス線でフルに使えることになる。

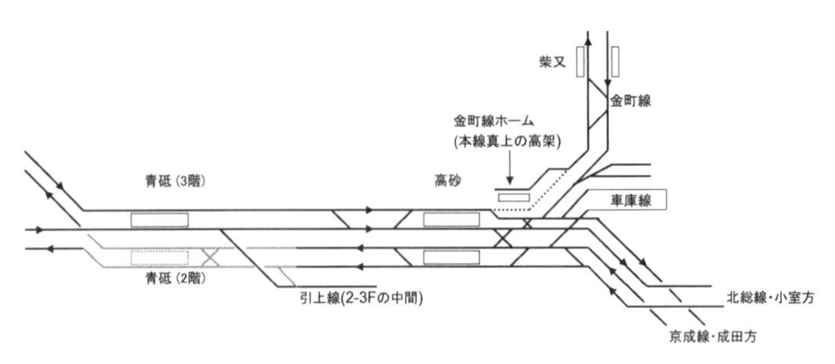

【図5.4】青砥〜京成高砂の現況

ただし、入出庫が交差支障を引き起こす難点はそのまま残っているし、金町線以外のホームは地平だから踏切もそのままある。そこで、立体化事業を推進したいという声は、当然ながら上がっている。

しかし、果たしてどのように立体化することになるのだろう。狭隘（きょうあい）な用地、そして駅と車庫の位置関係からすれば、車庫への分岐を立体交差にするのは無理がある。

そして京成本線のホームを高架に上げるにも、頭上にはすでに金町線ホームがある。少なくとも、車両基地の移転とセットで立体化を実施する必要がありそうに思える。

高架化と共に重層化したケース

重層高架とは、高架線の上に、さらに高架線を載せた形態のこと。比較的古いところでは、福山がある。ここは山陽本線が高架になっており、さらにその上に山陽新幹線を載せた。

ほかにも、地平を走る線路を踏切解消のために高架化しようとしたときに、用地の関係で幅を広くとれず、仕方なく上下に積み重ねて重層高架にする事例がいくつかある。

4方向からの列車が行き来する京急蒲田

有名なところでは、京急本線の京急蒲田（かまた）がある。ここはもともと空港線の分岐駅だが、長らく、海老取川（えびとりがわ）の手前で行き止まりとなる「名ばかりの空港線」だった。ところが、羽田空港の沖合展開事業に併せて空港線を延伸、新しいターミナルビルの直下まで乗り入れることになった。

それはいいのだが、起点の京急蒲田がボトルネックになった。「名ばかりの空港線」では空港アクセスとして機能しないから、線内折り返し運転で済ませていた。それであれば、下りホームを島式１面２線として、その片側を使えば用が足りる。

しかし、ターミナルビルの直下に乗り入れるとなれば事情は変わる。品川方面と横浜方面の双方から空港まで直通列車を走らせたい。

ところが、空港線に通じるホームは下り線の南側にある1線のみ。これを「品川直通の上下列車」と「横浜方面直通の上下列車」が共用するうえに、そこからしばらく単線区間が続く。

これでは、まるで余裕がない。しかも、「羽田空港→品川」と「横浜方面→羽田空港」の列車は下り線を横断する必要があるので、交差支障が発生してしまう。

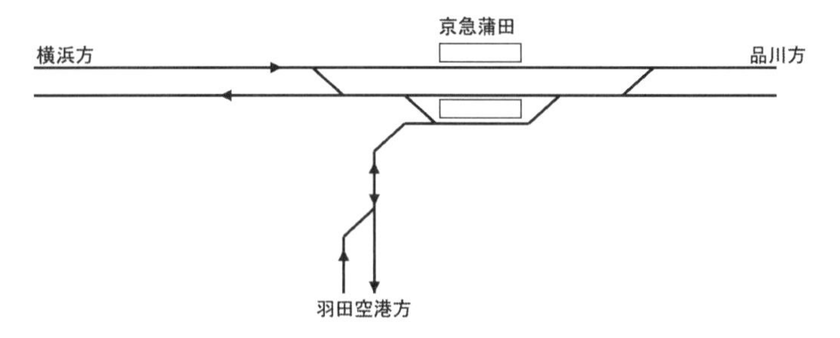

【図5.5】京急蒲田（改良工事前）。のちに本線から空港線への直通列車を設定したため、立体化と併せて抜本的改良を実施することになった

そこで、踏切解消のための高架化と合わせて、抜本（ばっぽん）的な改良を行うことになった。しかし、用地の幅が限られることから、上下線を並べることができなかったのだろう。上層に下り線、下層に上り線を配した重層高架を構築することになった。

この高架化で面白いのは、下り線と上り線をそれぞれ1面2線の構成とするだけでなく、ホーム長を389mと長くとり、横浜方に切り欠きホームを設けて待避もできる構造としたところ。

ただし、この切り欠きホームは長さが短いので、短編成の普通列車しか入れられない。また、ここで待避を行う場合、列車相互の乗り換えは「対面移動」とはいかず、前後方向の移動も必要になってしまう。

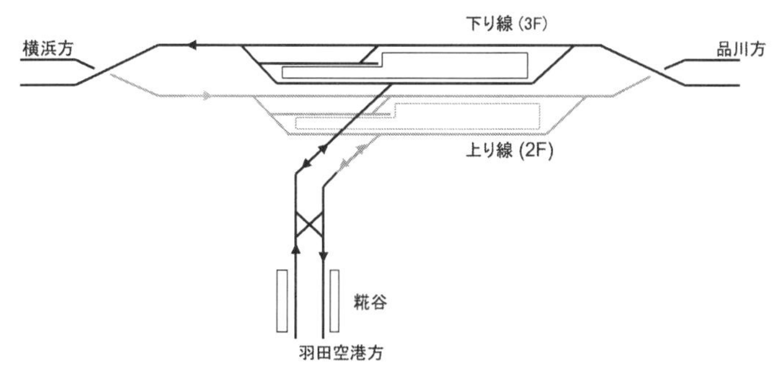

【図5.6】高架化後の蒲田駅。本線はとくに変わったところはないが、空港線は糀谷の西方にあるシーサスと京急蒲田の間で4方向の列車が複雑に行き来する

そして現在も、品川方面と横浜方面の双方から、羽田空港に直通する列車が走っている。空港線は上下線とも副本線から分岐しているから、空港線の列車は上下とも、その副本線に発着させればいい。

ただし構造上、分岐した空港線・上下線の高さが揃う地点では上り線と下り線の位置関係が逆になっている（つまり右側通行になってしまう）。そこで、そこにシーサスクロッシング（シーサス）を設けて進路を入れ替えている。その結果、方面・方向別の進路の使い分けは以下のようになる。

＊**品川方面→空港線**……３階の下り副本線から空港線に入り、シーサスを渡って糀谷(こうじや)に。

＊**横浜方面→空港線**……２階の上り副本線に着けてから方向転換して空港線に入り、糀谷に。

＊空港線→品川方面……糀谷を出た先でシーサスを渡り、２階の上り副本線に到着して品川方面に。

＊空港線→横浜方面……糀谷を出た先でシーサスを直進して、３階の下り副本線に到着して横浜方面に。

つまり、京急蒲田と空港線内のシーサスの間は、双方向の列車が走る。この区間は複線ではなく単線並列といえる。そして、この区間では対向列車との支障が発生しないようにダイヤを組む必要がある。

ややこしいのは、羽田空港方面に向かう列車が２階の上りホームから出たり、３階の下りホームから出たりすること。そのため、「次に羽田空港に向かう列車は◯階のホームから出ます」という案内が必要になっている。

【図5.7】品川方面から羽田空港に向かう列車は、京急蒲田の3階から降りてきてシーサスを渡る

【図5.8】羽田空港から品川方面に向かう列車は、シーサスを渡ってから京急蒲田の2階に向かう

X型平面交差の解消工事が進む淡路

ある路線から別の路線がY型に分岐する駅ならそこここにあるが、近畿圏には2路線が交差するX型の、しかも前後とも平面交差という「キング・オブ・分岐駅」のような駅がふたつある。その片方が、阪急京都本線と阪急千里線が交差する淡路（あわじ）。

かつての田園調布～多摩川園（現・多摩川）間における東急東横線・目蒲（めかま）線（現・目黒線）では、目蒲線は東側から合流して東側に分かれたからいいが、淡路の場合、千里線が京都本線を横断する流れになっている。

しかも、「千里線（天神橋筋（てんじんばしすじ）六丁目方面）←→京都本線（京都河原町方面）」の直通や、「京都本線（大阪梅田方面）←→千里線（北千里方面）」の直通もある。

そして、駅の前後がどちらも平面交差だから、千里線の列車が京都本線の線路を横断して交差支障を引き起こすこともあれば、その逆もある。

それだけでなく、千里線のうち天神橋筋六丁目方から到着する列車は、４号線（京都線・河原町方向の本線）にしか進入できない。逆方向の天神橋筋六丁目方面に向かう列車は、２号線・３号線とも利用できる（１号線は欠番）。

なお、発着番線の制約があるのは天神橋筋六丁目方面だけで、北千里方面と京都河原町方面については、４号線・５号線あるいは２号線・３号線のいずれからでも出入りできる。

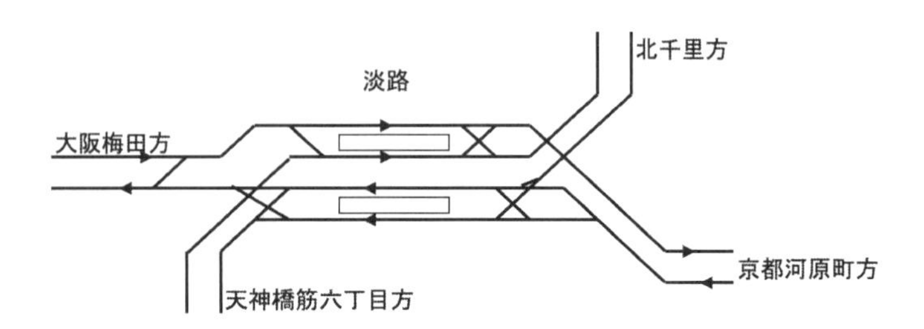

【図5.9】立体化の話が持ち上がる前の淡路

素人目にも、ダイヤ編成上のボトルネックとなるのは容易に想像がつく。しかもすべて地平だから踏切もあり、線路は市街地を分断している。

そこで立体化の話が持ち上がったが、周囲はビッシリと市街化しており、スペースに余裕がない。新たに用地を買収しようとすれば、交渉相手の地権者はたくさんいるから大変だし、経費もかかる。

そこで重層高架として、京急蒲田と同様に方面別に階を分けることになった。まだ建設途上なので最終的な姿は分からないが、以下の【図5.10】のような配線になるらしい。

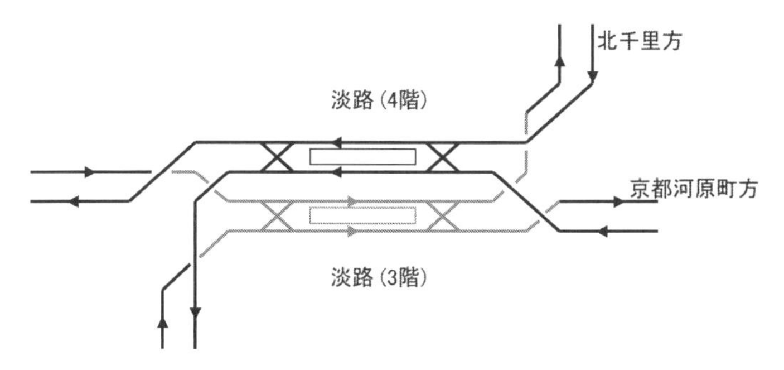

【図5.10】立体化が完了したあとの淡路は、このような配線になるらしい。方面別に階を分けるところは京急蒲田と同様

【図5.11】工事中の淡路を空撮。空から見下ろすほうがスケール感が伝わりやすいかもしれない。手前が大阪梅田方

高架が完成すると、３階と４階に１面２線のホームを設けて方向別に使い分ける。階数の違いはあるが、考え方は京急蒲田と似ている。ただし、切り欠きホームがない分だけ、こちらのほうがシンプルだ。

そしてホームの前後にシーサスを設けておけば、どの方面にでも行き来できる。

線路別の重層化を図る知立

京急蒲田も淡路も、重層高架を構築する際に方面別に階を分けた。では、線路別に分ける事例はないのかというと、こちらも現在進行中で工事を進めている事例がある。それが、名鉄名古屋本線と三河線が合流する知立（ちりゅう）。

ここはもともと、名古屋本線の南側に三河線のホームがあった。ただし、三河線はここから南北に分岐しているので、北方の猿投（さなげ）に向かう側は名古屋本線の下をくぐって立体交差としている。よって、三河線と名古屋本線が交差支障を起こすことはない。

三河線は知立を境にして、「知立←→猿投方面」と「知立←→碧南（へきなん）方面」と系統を分けている。過去には碧南方面と名古屋本線の直通運転が行われていたが、現在は行われていない。

次ページの【図5.12】ではいちばん下となる、ホームがない線路が１番線で、そこから上に向かって２～６番線。そして、三河線のうち４番線と、名古屋本線の５番線のみ対面乗り換えが可能。だから、可能な限り三河線の列車を４番線に発着させることで、名鉄名古屋方面に向かう下り線との相互乗り換えは楽になる。

しかし、反対方向の豊橋(とよはし)方面に向かう下り線は、三河線との乗り換えに際して必ずホーム間移動が発生する。

また、猿投方面と碧南方面と、２系統ある三河線列車のすべてを４番線に発着させようとすると、運転間隔を詰めにくくなってしまうし、ダイヤ編成の制約が増える。

もうひとつの問題は、名古屋本線に割り当てられた番線が対向式２面２線分しかなく、ここでは待避ができないことだ。

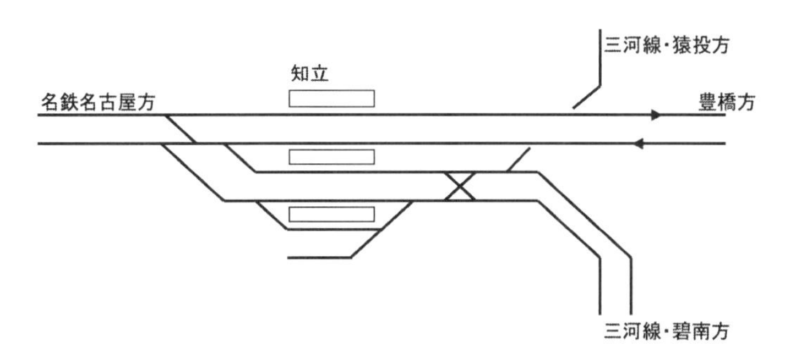

【図5.12】立体化事業が始まる前の知立駅。交差支障は発生しないが、乗り換えに際してホーム間移動が必要なケースがあるほか、名古屋本線では待避ができない

そして、踏切除却のための立体化構想が持ち上がったのだが、ここでも用地の関係からか、重層高架になった。

ただし方向別ではなく、２階が名古屋本線、３階が三河線という線路別になる。名古屋本線と三河線の乗り換えに際しては、必ずホーム間移動が必要になるが、２階ホームと３階ホームの間に乗換階を挟むので、狭い通路に人が集中する事態は避けられそうだ。

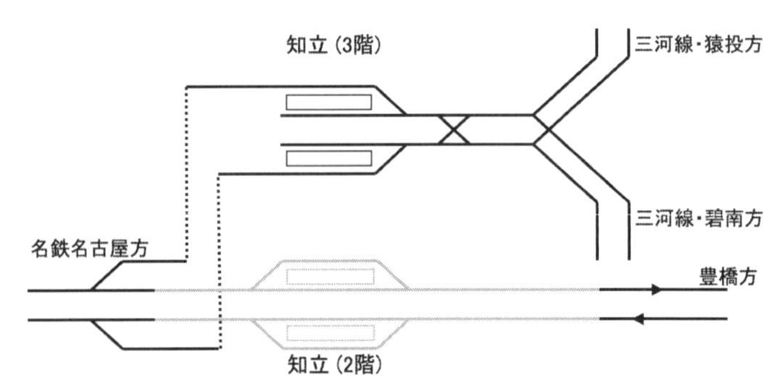

【図5.13】重層高架が完成したあとの知立駅。名古屋本線とも名鉄名古屋方で接続するが、これは車両回送のためと思われる。もちろん、その気になれば直通もできるわけだが

工事に際しては、（おそらくはホームがない１番線を活用する意味もあって）まず三河線、次に名古屋本線を南側に仮移設して、名古屋本線があった場所の用地を空けた。

そこに高架橋を構築して、最初は北側に位置する名古屋本線・豊橋方面を高架化する。そして空いた名古屋本線・豊橋方面の仮線用地を使って、次に名古屋本線・名鉄名古屋方面の高架橋を構築して切り替え。最後に三河線を高架に切り替え、となる。

面白いのは、三河線・猿投方の隣駅である三河知立を、猿投方に900mばかり移動すること（2024年３月16日からの予定）。移設先は高架化の対象区間から外れており、地上駅となる。

もともと三河知立と知立が近接していて、駅間距離のバランスがよくない事情があるが、それだけではなさそうだ。重層高架の上層に位置する知立の三河線ホームから地平に下ろそうとすると、三河知立の現位置が勾配の途中にかかってしまう事情もあったのではないだろうか。

地下化にともない重層化したケース

一方に、高架化に併せて重層化した事例があれば、他方には地下化に併せて重層化した事例もある。よくしたもので、方向別の事例もあれば、線路別の事例もある。

地下化にともない方向別で重層化した調布

京王線から京王相模原線が分岐する調布(ちょうふ)は、地下化に際して重層化した事例のひとつ。そもそもここは地上時代、ボトルネックの展覧会みたいな駅だった。

京王電鉄は昔から、支線への直通運転をひんぱんに行い、乗り換えの手間を省(はぶ)く工夫をしていた。相模原線が分岐する調布も例に漏れない。

ところが、相模原線に出入りできる線路が、下りは1番線、上りは3番線しかないという制約があった。しかも1番線は京王線の列車同士で待避を行う際に、待避線としても使われる。

すると、「新宿から相模原線に直通する特急が調布に到着する手前で信号待ち」が多発した。先行する京王線の急行が調布で各駅停車を追い越しており、その各駅停車が出発して1番線を明け渡さないと、相模原線直通特急が1番線に進入できないからだ。

それに加えて、「本線上で折り返し」(44ページ参照)で取り上げたように、相模原線の各駅停車には調布で折り返すものがあった。3番線に到着した調布止まりの各駅停車は、そのまま本線を新宿方に向かい、本線上で方向転換して渡り線を通り、1番線に着けるのだ。

その模様を撮影した写真のデータを見ると、折り返しのプロセス全体で3〜4分はかけている。しかも(たまたま、かもしれないが)折り返した相模原線の各駅停車が1番線に進入する際に、その後方では京王線の下り列車が待たされている。目の前で平面交差しているのだから当然である。

そして、多数の列車が交錯すれば当然ながら、踏切が閉まっている時間が長くなる。立体交差事業の話が出るのも無理はない。

地上時代の調布の配線については**【図2.14】**(46ページ参照)を参照いただくとして、現在の配線略図を以下に示す。

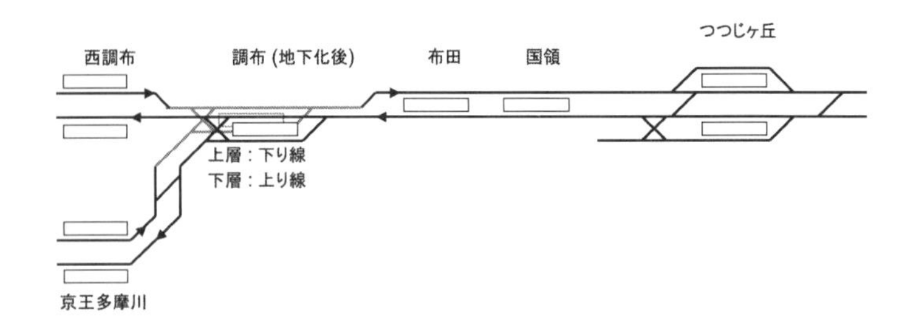

【図5.14】現在の、つつじヶ丘〜調布〜西調布・京王多摩川間の配線略図

番線の数が増えたわけではなく、上下それぞれに1面2線ずつなので、調布で一度に行えるのは「京王線同士または相模原線同士の待避」あるいは「京王線と相模原線の対面乗り換え」のいずれかに限られる。とはいえ、平面交差

がなくなったことで、ダイヤ編成のボトルネックが減ったのは間違いない。

一方で、相模原線の線内折り返しは実現困難になった。調布の新宿方に、折り返しに使える設備がなくなってしまったからだ。そこで、調布に到着した相模原線の上り各駅停車を、つつじヶ丘まで回送して折り返すようになった(前ページの図で、つつじヶ丘まで含めた理由がこれ)。

つつじヶ丘で折り返しができるのは上り本線だけだから、後ろから京王線の上り列車が追いかけてきて支障した場合、それは上り副本線に着ける。

追いかけてきた後続列車が、つつじヶ丘を通過する特急だと、分岐器の分岐側を通ることになって減速を余儀なくされるが、つつじヶ丘に停車する急行以下なら問題にならない。

【図5.15】相模原線の上り各駅停車、調布止まりがつつじヶ丘まで回送されて、折り返し、京王線の下り線に転線している模様。撮影は後続の京王線上り列車からで、左下にある分岐器を見ると、副本線側に進路が開いている様子がわかる

2023年７月現在の時刻表では、相模原線の上り各駅停車は、平日ダイヤではすべて新宿方面に直通しており、調布止まりはない。ただし、土休日ダイヤでは、若干の調布止まりがある。

緩行線と急行線で階層を分けた下北沢

一方、複々線化に際して緩行線と急行線で階層を分けた珍しい事例が、小田急小田原線の下北沢。しかも、ここで面白いポイントは、そこではない。

代々木上原は、東京メトロ千代田線の分岐駅だが、ここから複々線が始まる。西方には、代々木上原止まりの千代田線列車が折り返しに使用する引上線が２線ある。その外側に複々線があり、これは以前から変わらない。内側２線が急行線、外側２線が緩行線。当初は、この状態が東北沢まで続いて、その先は複線に収束していた。

ところが、複々線化に併せて東北沢〜世田谷代田を地下に入れることになった。東北沢は、内側が緩行線で島式１面２線、その外側にホームがない急行線となっている。

そこから急行線が分かれて下層に降りるのだが、面白い

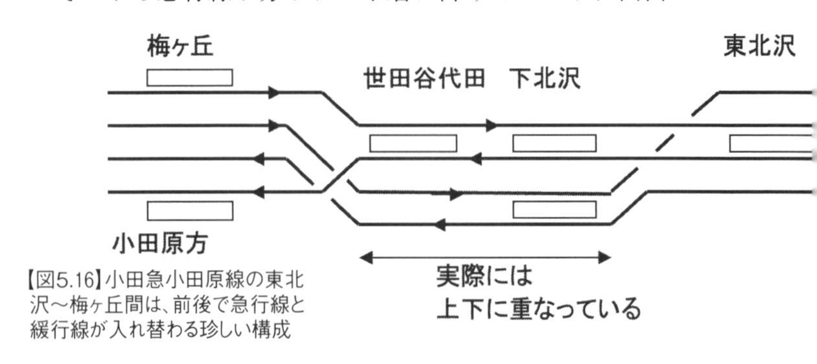

【図5.16】小田急小田原線の東北沢〜梅ヶ丘間は、前後で急行線と緩行線が入れ替わる珍しい構成

のは、東北沢では緩行線の外側にある急行線が、世田谷代田の西方で再浮上してきたときには緩行線の間に割り込んでくること。つまり、地下区間の前後で急行線と緩行線の位置関係が逆になっている。方向別複々線はあちこちにあるが、途中で内外が入れ替わるのは珍しい。

なぜ、こんなことになったのか。梅ヶ丘(うめがおか)以西では外側が緩行線だから、それに合わせる必要がある。一方、代々木上原では２面４線構成の外側が小田急小田原線で、そこを通る列車の多くは優等列車。もしも内側に急行線を持ってくると、代々木上原の西方で優等列車が内側線に転線する必要がある。

千代田線直通列車の種別をどうするかにもよるが、それが緩行線に抜けることになった場合、代々木上原〜東北沢間で進路が交錯してしまう。急行線を外側に置けば、そうはならない。また、東北沢で緩行線を内側に置いて島式ホームにまとめれば、トータルの幅員(ふくいん)を抑えられるだけでなく、広々したホームを確保しやすい。それだけでなく、ホームと改札階を結ぶエスカレーターやエレベーターの所要が半減する。

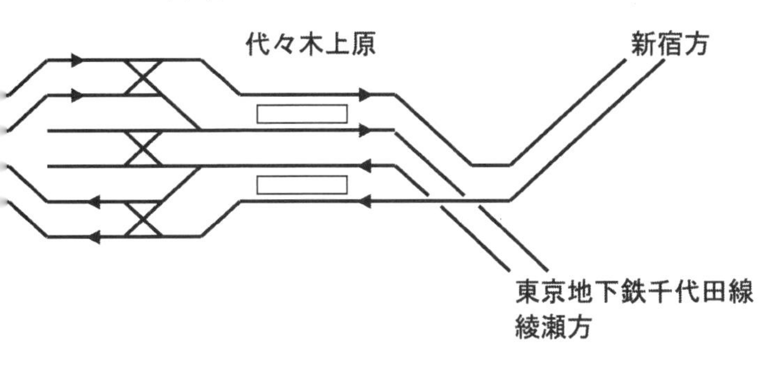

緩行線と急行線ではなく、路線別に階層を分けた地下駅の事例もある。それが福岡市営地下鉄の中洲川端。構造物を道路の下に収めようとすると、横並びにできるだけの幅をとれなかったのではないだろうか。

ここは空港線と箱崎線が分岐する駅だが、空港線を下層、箱崎線を上層に配した、島式1面2線の二層構造になっている。どちらも姪浜方に引上線があり、中洲川端〜貝塚、中洲川端〜福岡空港の折り返し運転も可能。また、箱崎線については貝塚方にシーサスクロッシングの用意もある。天神方で立体交差させて線路をつないであるので、姪浜方からは空港線と貝塚線のどちらにも直通運転が可能。

この構造では、空港線と箱崎線の乗り換えに際して、必ず上下移動が発生してしまう。それが問題になるのは、貝塚方から来て福岡空港に向かう場合。

姪浜〜福岡空港間は終日、姪浜〜貝塚間は朝夕に直通の設定があるが、貝塚〜中洲川端間と中洲川端〜福岡空港間の移動だけはどうにもならない。直通させようとしても、それぞれのホームの階層が違うから無理がある。

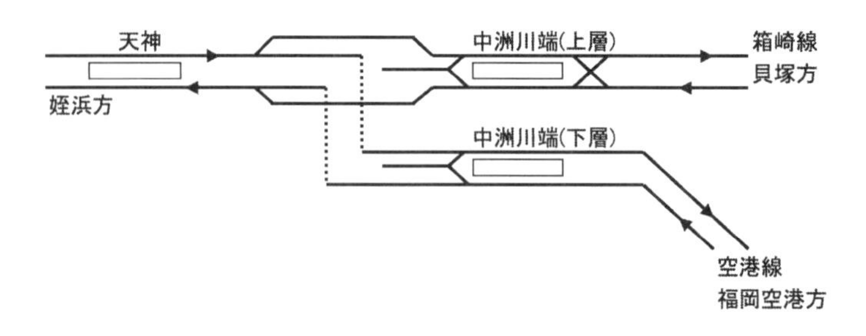

【図5.17】中洲川端は、空港線と箱崎線で階層を分けた地下二層構造の駅

6章

消える列車、不思議な経路…線路のミステリー

改良や工夫、やむにやまれぬ事情により、ユニークな配線やミステリアスな運行形態が発生することがある。本章では、線路にまつわる興味深いエピソードを集めてみた。

南武線と青梅線の線路をめぐるミステリー

ＪＲ東日本・中央線の「特別快速」には、高尾に向かう通常の特別快速（いわゆる中央特快）に加えて、青梅（おうめ）線に直通する青梅特快がある。この青梅特快、ちょっと変わったルートをとるところがある。

立川駅の構内に「抜け道」がある?!

青梅線が分岐する立川では、中央線のホームが２面４線あるほか、その北側に青梅線ホーム１面２線がある。

そのうち南側の１線は中央線の上り線につながっているし、立川の手前にも中央線の上り線につながる渡り線がある。だから、上りの青梅特快については、特段、不自然なところはない。

問題は下りの青梅特快。到着するのは青梅線ホームではなく、中央線の下りホームである。そこから青梅線のホームに行こうとすると、中央線の上り線・上りホームが間に挟（はさ）まっている。

ところが、その下り青梅特快に乗っていると、いつのまにやら青梅線に進入しているのである。どんな抜け道を使っているのか。

青梅特快と「米タン」のための短絡線

立川の構内配線を見ると、中央線ホーム２面４線の南側に、さらに南武線ホーム１面２線がある。そして、その南武線ホームの西方に延びる線路があり、これが中央線の上下線を乗り越して北に向かっている。行き着く先は青梅線の西立川だ。

西立川のホームに立つと、南側にホームがない線路が１本あるのがわかる。これが問題の線路の終端（しゅうたん）。

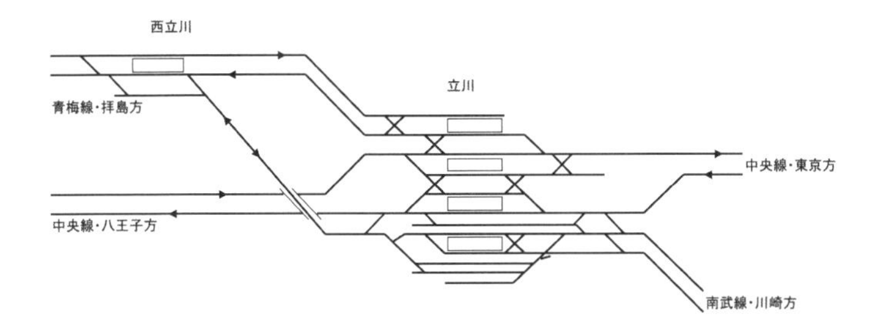

【図6.1】立川〜西立川間には、青梅線の上下線とは別に、南武線から青梅線に通じる線路がある

上の配線略図を見ると、この線路は中央線の下り線だけでなく、南武線とも行き来できることがわかる。しかも信号システム上は、双方向の行き来が可能になっている。

じつは、青梅特快だけでなく、青梅線と南武線の間を行き来する貨物列車もここを通っている。

かつては石灰石輸送用の貨物列車が多く走っていた青梅線だが、現在、ここを走る貨物列車といえば米空軍横田基地向けの燃料輸送列車、通称「米（べい）タン」である。

この列車の発地は鶴見線の安善（あんぜん）で、その南方に米軍の燃料貯蔵施設がある。そこでジェット燃料を積み込んだタンク車は、鶴見線〜南武線〜武蔵野線〜南武線を経由して立

【図6.2】拝島から青梅線の上り線を走ってきた米タンが、下り線を横断して、件の連絡線に進入するところ。西立川のホーム端で撮影

【図6.3】そこで振り返ると、青梅線の下り線の南側に、ホームのない線路がもう1本ある。これが問題の連絡線。逆方向、拝島に向かう米タンや下りの青梅特快もここを通る

川まで来て、そこで件(くだん)の連絡線を通って青梅線に入る。青梅線で拝島(はいじま)まで行ったら、そこから横田基地に通じる専用線に入るわけだ。

つまり、この連絡線は現在、青梅特快と米空軍のために存在しているようなものである。

府中本町から尻手にワープする「米タン」

その米タンをはじめとする、多数の貨物列車が通るルートとして有名なのが、武蔵野線。

といっても旅客列車が走っている府中本町(ふちゅうほんまち)〜西船橋間ではなくて、府中本町〜新鶴見のほうで、とくに武蔵野南線と呼ばれている。その大半が地下のトンネルなので、梶ヶ谷(かじがや)の貨物ターミナル、京王相模原線をオーバークロスする高架橋、あとは多摩川の橋梁(きょうりょう)といった限られた場所でしか、お天道様を拝むことができない。

そして米タンも武蔵野線を通っているが、南端の新鶴見は南武線の駅ではない。今は横須賀線や湘南新宿ラインの線路と思われるようになってしまったが、もともとは品川〜新鶴見〜鶴見と抜ける、いわゆる「品鶴(ひんかく)貨物線」の途中にある信号場だ。南武線の線路とは数百メートルばかり離れている。

ところが、武蔵野線のトンネルから新鶴見に姿を現した安善行きの米タンは、さらに南下する。

そして、いきなり途中で姿をくらまして、南武線の尻手(しって)に現れる。時刻表の路線図はいうまでもなく、Googleマップの地図画面を見ても、新鶴見と尻手を結ぶ線路なんて載っていない。

【図6.4】割畑から尻手に抜ける単線を通り、尻手駅の北方に姿を現した米タン

実際には、ここには短絡(たんらく)線が通っている。新鶴見の南方、「割畑(わりはた)」と呼ばれる地点で東側に分岐して、住宅地のなかを通り、尻手駅の北方に姿を現す単線だ。

そして尻手から先は、いわゆる南武支線と並走・合流して浜川崎(はまかわさき)まで向かい、浜川崎の駅北方で二手に分かれる。

片方はそのまま浜川崎の東方にある線群に通じており、米タンが通るルートはこちら。他方は浜川崎から東北東に向かい、川崎市川崎区塩浜4丁目にある川崎貨物駅に達する。

米タンは原則として週に2回、それぞれ1往復するだけだが、川崎貨物駅に出入りする列車は多い。

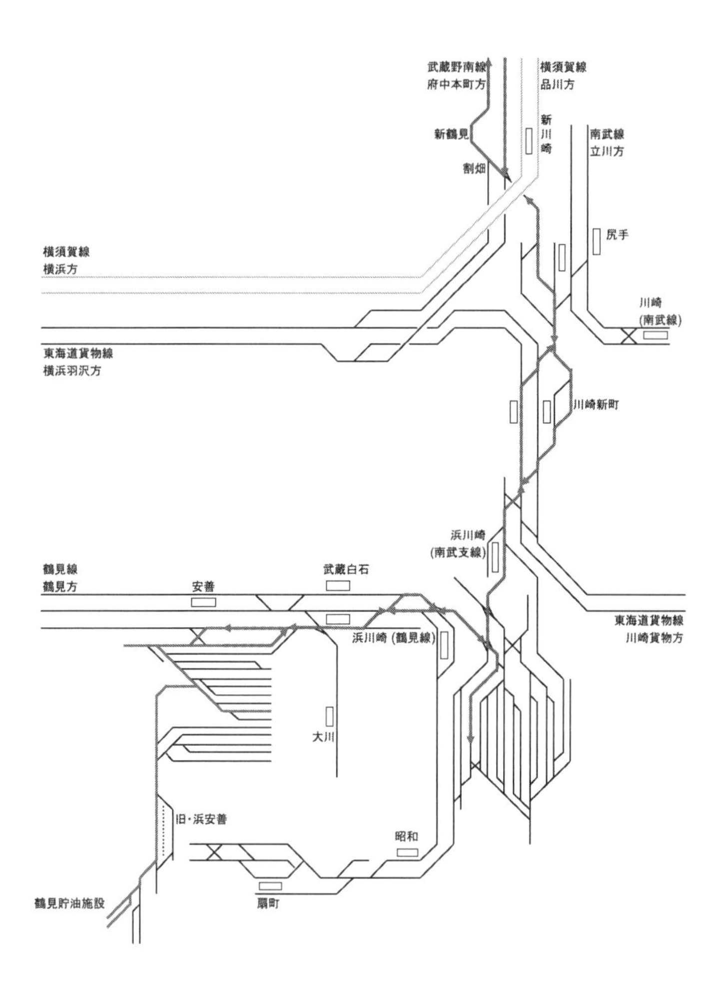

【図6.5】新鶴見～尻手～浜川崎～安善にかけての、「米タン」運行エリアの配線略図（一部の駅省略）。このあたりの貨物線の配線は、なかなか複雑だ。なお、作成時期が古いため、一部の配線は現在と異なる可能性がある

神出鬼没？「幽霊列車」の怪

東海道本線の長岡京～東淀川間では、時刻表にない「サンダーバード」用の車両を見かけることがある。

しかもどういうわけか、向きが本来の向きとは逆だったり、通常の営業列車とは違う線路を走っていたりする。まるで、幽霊列車のようなのだ。

「逆向きに走る」サンダーバードの正体とは？

そこで、大阪駅で下りの「サンダーバード」が入線してくるときに、どちら側から入線してくるか思い出してみてほしい。神戸方からの入線である。その「サンダーバード」の車両はどこから現れるのか。

2023（令和5）年8月現在、「サンダーバード」用の車両はすべて、「吹田総合車両所京都支所」に所属している。いきなりこんな内輪の名前を出されてもピンとこないだろうが、国鉄時代には「向日町運転所」と呼ばれていた場所。この名の通り、向日町の駅から東側にある車両基地だ。

すると、ここから大阪始発の下り「サンダーバード」用の車両を送り出したとき、その車両は大阪駅の京都方から入線してきそうなものだ。しかし実際には逆である。

じつは、吹田総合車両所京都支所を出庫した車両は、まず東海道本線（京都線）の下り線を走ってくるが、茨木～千里丘間で右手（北側）に逸れる。

ここから新大阪の手前まで、東海道本線（京都線）の複々線の北側に、さらに貨物列車が利用する複線があり、それが新大阪駅付近で分岐する。この線路は大阪駅には入らない。

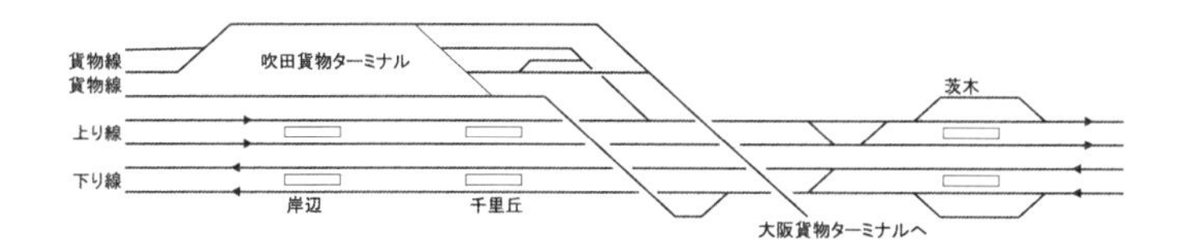

【図6.6】茨木～岸辺付近の配線略図。東海道本線の複々線だけでなく、その北側に貨物線が並ぶ

南方にある大阪駅にアプローチするために、東海道本線は淀川を渡って左岸側に出て、大阪駅を出ると再び淀川を渡って右岸側に戻る、つまりＵ字型になっている。

それに対して貨物線のほうは、淀川を渡らずに加島付近に直行する（山陽新幹線も、このルートに沿って建設された）。そして、塚本の北西方で線路が二手に分かれて、神戸方と大阪方につながる。

その貨物線の途中に「網干総合車両所宮原支所」がある。かつての「宮原運転所」だ。このルートは「北方貨物線」と通称される。

つまり、吹田総合車両所京都支所、あるいは網干総合車両所宮原支所から北方貨物線を通り抜けて大阪駅に回送する場合、大阪駅の西方でぐるっと向きが変わることになる。

よって、大阪駅と吹田総合車両所京都支所との間を行き来する回送車は、向きが逆になる。

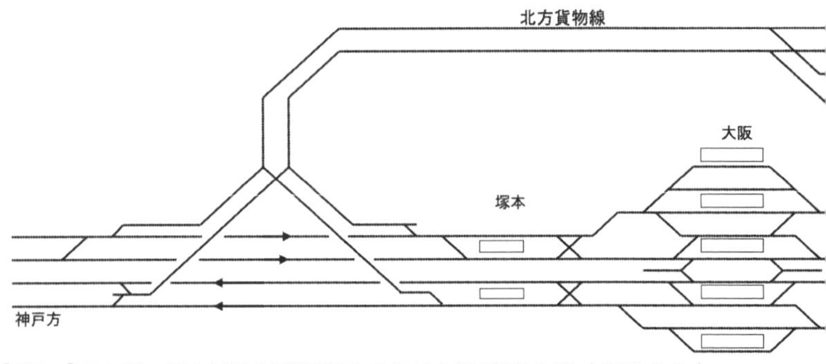

【図6.7】新大阪〜塚本付近の配線略図。この項の鍵を握るのが、大阪駅の北方を通る北方貨物線

大阪駅で折り返さない理由とは?

そんな回りくどいことをせずに、東海道本線をストレートに下ってきて大阪駅に入れて、そこで折り返すほうがシンプルではある。ところが、そうしたくてもできない事情がある。

この区間、東海道本線は方向別の複々線になっている。内側２線は普通と快速が走る「電車線」だが、新快速や特急列車が走るのは外側の「列車線」だ。下り列車線を通ってきた列車が大阪駅に着いても、そこから上り列車線に転線することができない。あいだに電車線が割り込んでいるからだ。

だから、京都方から大阪駅に着いた特急列車は、乗客を降ろしたあと、そのまま神戸方に向けて出発する。そして、塚本の先で分岐して北方貨物線に入る。網干総合車両所宮原支所に入れることもあれば、さらに東進して吹田総合車両所京都支所まで持って行くこともある。かつての大阪〜

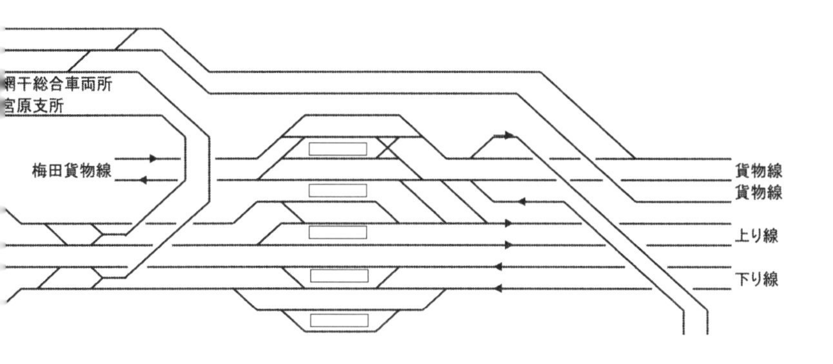

札幌間の寝台特急「トワイライトエクスプレス」も同様だった。

この列車で使用する客車は網干総合車両所宮原支所をネグラとしていたから、札幌から大阪に到着したあとは、西からぐるっと回って網干総合車両所宮原支所に入れていた。大阪発なら逆になる。

なお、東海道本線の複々線において貨物列車が走るのは外側の列車線だから、網干総合車両所宮原支所の横を通る貨物線は、塚本～尼崎（あまがさき）間のジャンクションでは外側線にしかつながっていない。内側線に貨物列車を入れることはないから、これでよいのである。

新大阪駅手前で消える「丹波路快速」

同じ網干総合車両所宮原支所に関連する話をもうひとつ。大阪を始発・終着駅とする系統として、福知山線の快速列車「丹波路（たんばじ）快速」があるが、そこで使用する車両の話だ。

大阪駅で観察していると、下りの「丹波路快速」は京都方から進入してくる。逆に、大阪に到着して乗客を降ろした上り「丹波路快速」は、京都方に向けて消えていく。しかし、新大阪駅のホームでいくら待っていても「丹波路快速」の車両は現れない。いったい、この車両はどこに消えるのか。

じつは、新大阪～大阪間には、先に書いた貨物線に加えて、西方への分岐がもうひとつある。大阪から新大阪方に向かうと、新大阪の手前で、外側線と内側線の両方からY型の分岐が現れて、本線を乗り越して西方に曲がって消える。それが「東回送線」で、大阪方からのみ出入りできる。

その行き着く先はというと、先にも名前が出てきた網干総合車両所宮原支所だ。

この車両基地は、例の北方貨物線の南側にあるので、東回送線を通る出入庫は、北方貨物線とは干渉しない。そして、ここが「丹波路快速」用の車両を預かっている。

【図6.8】丹波路快速の225系。大阪に到着した上り列車の車両は、東回送線を通って網干総合車両所宮原支所に出入りしている

車両回送用の連絡線の謎を解く

とくに大都市の地下鉄の場合、まず「もっとも需要が大きいところ」に建設して、その後、路線網を拡（ひろ）げていくことが多い。すると往々にして、あとからできた路線は輸送需要が少なく、費用対効果を考えると建設費を抑えたいという話になる。

また、所帯が小さい路線のためにいちいちフルセットの検査設備を整えていたら、仕事量が少なく、設備と人員が遊んでしまう事態も懸念（けねん）される。

そこで、複数の路線で車両基地を集約する事例がそこここにある。ところが、地下鉄は個々の路線が別々に存在していることが多い。そこで、回送のために連絡線を設けることになる。

東京の地下鉄

そのなかでも有名な事例が、東京メトロの千代田線・有楽町線・南北線を結ぶ連絡線群。このうち、最初にできたのは千代田線と有楽町線をつなぐ連絡線だ。かつて、小田急から千代田線を経て有楽町線の新木場（しんきば）まで、特急「ベイリゾート」が走っていた。それが通っていたのが、この連絡線だ。

まず、千代田線が開業した。ここはＪＲとの境界駅の綾瀬（あやせ）から北上したところに車両基地があり、すべての検査を行える。そのあとで有楽町線が開業したが、日常的な検査はそれぞれの線に設けた車両基地で行い、大規模な検査だけ、千代田線の綾瀬工場で実施することになった。

すると、千代田線と有楽町線を結ぶ線路が必要になる。そこで、有楽町線の桜田門と千代田線の霞ケ関を結ぶ単線の連絡線が造られた。ときどき回送列車が行き来するだけだから、単線で用が足りる。

そして有楽町線側は、渡り線とシングルスリップスイッチを組み合わせており、これでＡ線とＢ線のどちらからでも連絡線との行き来を行える。

一方、千代田線の側は霞ケ関の西方でＢ線にだけつながっているが、駅を隔(へだ)てた反対側にシーサスクロッシングがあるし、連絡線が合流する場所には引上(ひきあげ)線もある。だから、これらを使って方向転換すればよい。

そして殿(しんがり)は南北線。ここの車両も、大規模検査は綾瀬で実施することになったが、南北線と千代田線を直接結ぶ連絡線はない。あいだに有楽町線を介するかたちになっている。

南北線と有楽町線は飯田橋～市ケ谷間で平行しているので、そこが接続点に選ばれた。ちなみに現場は、ＪＲ市ケ谷駅のホームから見えるお堀の下だ。

南北線の側は、本線と平行する引上線があり、両者をシーサスクロッシングでつないでいる。また、本線のＡ線とＢ線の間にもシーサスクロッシングがあるので、これでどちらの線とも行き来できる。その引上線と平行して、留置線が設けられている。

有楽町線側は、池袋方に留置線がある。その留置線の入口にあるシーサスクロッシングの片方をそのまま南北線のほうに延ばすとともに、途中で本線を横断する部分にシングルスリップスイッチを設けた。

ただし、連絡線の向きの関係で、有楽町線のＡ線・Ｂ線、いずれから出入りする場合にも、まず有楽町線の側にある留置線に入れて方向転換する手間がかかる。

こうして行ったり来たりを繰り返して有楽町線に入った南北線の車両は、今度は桜田門〜霞ケ関の連絡線を通って千代田線に入り、綾瀬に向かうわけだ。

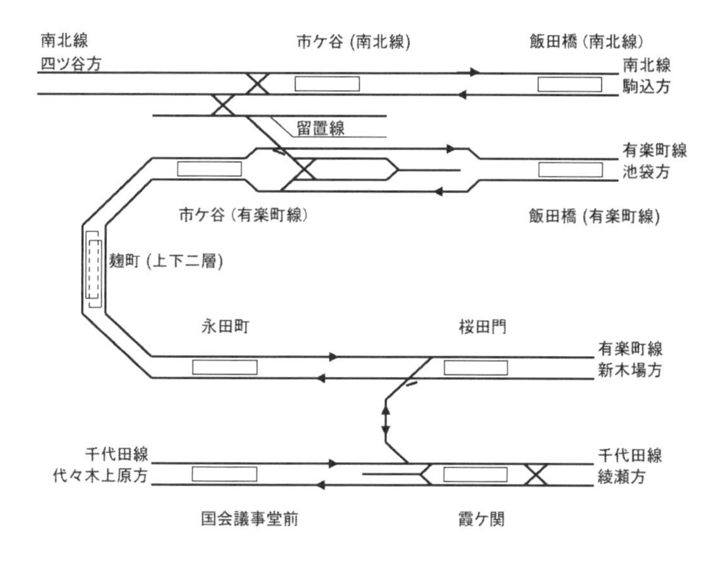

【図6.9】東京メトロの千代田線・有楽町線・南北線は連絡線を介してつながっている。検査だけでなく、新車の搬入にも利用できる

なお、東京の地下鉄で回送用の連絡線を設けている事例は、これら以外に都営地下鉄大江戸線がある。大江戸線の汐留と、浅草線の新橋〜大門間にある汐留連絡線がそれで、大江戸線の車両を浅草線の馬込車両検修場に入出場させる際に使用する。

ただし、大江戸線はリニアモーター駆動なので、そのための設備がない浅草線内は自走できない。そこで、回送の際には専用の電気機関車に牽引させている。

また、東京メトロ日比谷線の車両は、営業運転では走らない東急線内を行ったり来たりしながら東急田園都市線の鷺沼にある半蔵門線の車両基地に送られて、そこで大規模検査を実施している。

東急線内のことだから、運転しているのは東急の運転士だ。回送運転のために他社の車両の取り扱いについて勉強するのだから、大変だ。

大阪の地下鉄

大阪市営地下鉄改めOsaka Metro（大阪メトロ）にも、複数の路線で車両基地を共用している事例がある。

まず、中央線・千日前線・谷町線を結ぶ連絡線。千日前線と谷町線の車両について、中央線の森之宮車両工場で大規模検査を行うため、千日前線は阿波座、谷町線は谷町四丁目に連絡線を設けて、それらを介して行き来できるようにした。

どちらも直角に交差する路線同士をつないでおり、引上線と渡り線を介して、方向転換を繰り返しながら行き来するようになっている。

ただし2016（平成28）年に、森之宮車両工場が四つ橋線の緑木車両工場（北加賀屋駅の西方にある）と統合されたため、これら３線の車両を対象とする大規模検査は、森之宮から緑木に移管された。

もともと、緑木車両工場では四つ橋線に加えて御堂筋線の車両を扱っていたため、2016年の統合により、同一規格の全線について、まとめて検査を実施する体制になった。

それを実現した鍵が、四つ橋線の本町と中央線の阿波座を結ぶ連絡線。千日前線と中央線の車両は、これを通じて直接、四つ橋線と行き来できる。

谷町線はそうは行かず、中央線を介して何度も行ったり来たりを余儀なくされるが、それでも谷町線のために専用の車両工場を置くよりは合理的ということだ。

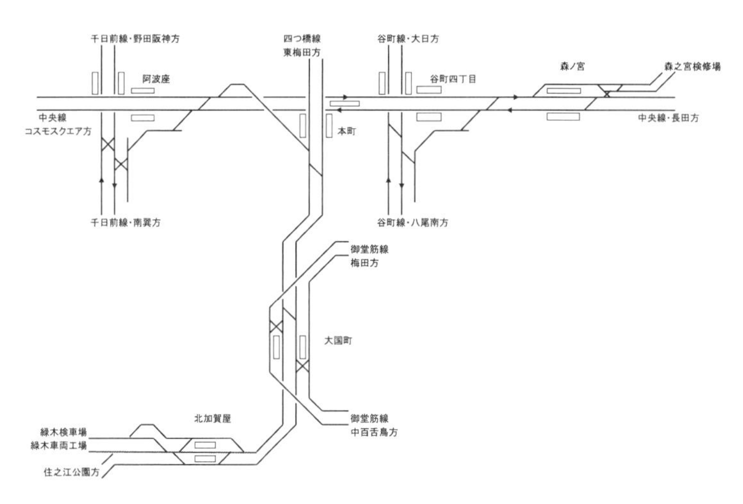

【図6.10】Osaka Metroの、中央線・千日前線・谷町線を結ぶ連絡線。方向転換しないと行き来できない配線になっている

このほか、長堀鶴見緑地線と今里筋線も、同一規格のリニアモーター式ミニ地下鉄であり、車両基地を共用している。

ミニ地下鉄にするぐらいだから、他線と比べると大きな需要はもともと見込めない。それなら統合できるものは統合して合理化するほうが良い。

名古屋の地下鉄

名古屋にも同じような話があり、こちらは名古屋市営地下鉄の鶴舞線と桜通線が該当する。あとからできた桜通線の車両を、鶴舞線の日進工場に入れるためのものだ。

桜通線のうち、連絡線とつながっているのは野並方から太閤通方に向かうほうの線路だけで、丸の内に到着したところで方向転換して連絡線のどん詰まりにある引上線に入る。

そこで再び方向転換して連絡線を通り、鶴舞線の丸の内に向かう。連絡線が接続しているのは赤池方面に向かう線路だけなので、そこに進入したところで再度の方向転換を行い、赤池の先にある日進工場に向かう。

逆に日進工場から戻ってくるときには、まず丸の内の手前で渡り線を通って、反対側の赤池方面行きホームに転線する。そこで方向転換して連絡線に入り、どん詰まりの引上線に進入したところで再度の方向転換。桜通線に戻ることになる。

ところが、こちら側には渡り線がないので、日進工場から戻ってきた車両は、まず太閤通方に行くしかない造りになっている。

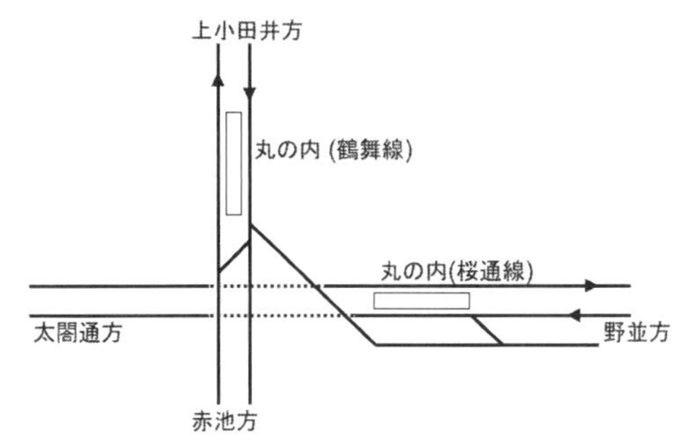

【図6.11】名古屋市営地下鉄の、鶴舞線と桜通線を結ぶ連絡線。行き来に際しては必ず、二度の方向転換が発生する

札幌の地下鉄

札幌市営地下鉄では、南北線に続いて２番目にできた東西線の二十四軒(にじゅうよんけん)〜西28丁目間に西車両基地が設けられた。ここを東西線だけでなく、３番目にできた東豊(とうほう)線も共用している（なお、南北線は規格が違うので、車両基地の共用もできない）。

なんでも、東豊線の建設に際して車両基地の用地を確保できず、東西線の西車両基地を拝借することになったらしい。大規模検査を行う設備があるのは西車両基地だけなので、共用するのは必然的にこちらとなる。

すると、東西線の車両を収容する基地が足りなくなるので、東西線に東車両基地を増設したのだ。

その東豊線と東西線を結ぶ連絡線は大通(おおどおり)の地下にあるが、ここは３本の地下鉄が集まる拠点。あとからできた路線ほど深いところに潜(もぐ)るので、南北線がもっとも地表に近い。その下を東西線が横切り、さらにその下を東豊線が横切る。

だから、東西線の大通より西方にある地点で分岐した連絡線は、下り勾配で東豊線と同レベルまで潜る。

東西線の側は渡り線とシングルスリップスイッチ、東豊線の側は独立したシーサスクロッシングを設けて、どちらの線とも行き来できるようになっている。

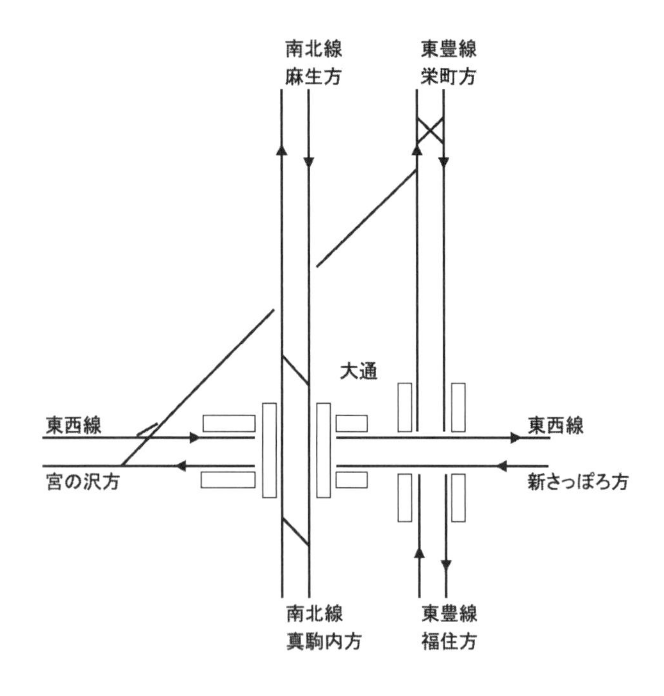

【図6.12】大通は地下鉄3路線が交差する一大拠点だが、じつはさらに、東西線と東豊線を結ぶ連絡線が通っている

変わった場所にある保守基地

新幹線の施設で、旅客の目に触(ふ)れやすいところにあるのは「駅」と「本線」。これはわかりやすい。また、車両基地も公開イベントがあったり、有料撮影会が開かれたりしているので、相応に知られている。ところが、新幹線を支える大事な施設がもうひとつある。

保守基地の役割とは?

それが保守基地。車両基地は車両のネグラであり、検査や修理を受けるための一種の病院でもある。それに対して保守基地は、軌道や電車線(いわゆる架線)などといった、施設の点検・整備を行うための拠点。だいたい1駅ごとに1か所ぐらいの割合で設けられている。

施設の点検・整備を行うためには、各種の「保守用車」が必要なので、その保守用車を昼間に留置している。また、作業で必要となる資材、たとえばレールや砕石(さいせき)といったものをストックする設備もある。東海道新幹線の米原(まいばら)保守基地のように、冬季に除雪作業の拠点になることもある。

車両基地の一角に保守基地が同居しているのはよくあるパターンだが、車両基地の数はそれほど多くないので、じつは保守基地を単独で設置している事例のほうが多い。車窓から見えやすいところにある保守基地というと、東海道新幹線の柚木(ゆのき)保守基地(静岡駅から東京方に3kmほど行ったあたり）や栗東保守基地（福山駅から博多方に2.5〜３kmほど行ったあたり）が挙げられるだろうか。

駅に隣接している新山口保守基地

新幹線は高架橋になっている区間が多いから、保守基地はその高架橋から降りる線路を設けて、降りた先の地上に設置するのが典型的なパターン。

だから、駅からは外れた場所に位置することが多い。第一、新幹線の駅があるようなところはたいてい市街地だから、保守基地を置く場所がない。

ところが何事にも例外はあるもの。山陽新幹線の新山口保守基地は、駅の北側に隣接している。南側には新幹線の高架駅、北側には地平の在来線駅があり、その間に新幹線の保守用車が並んでいる。では、そこに出入りするにはどうしているのか。

そこで新山口駅の南口に出てみてほしい。現地に行ったことがなければ、Googleストリートビューでもいい。南口の駅舎はすなわち新幹線の高架駅だが、そこに左手（博多方）から右手（新大阪方）に向けて緩く下るスロープが取り付いているのだ。

【図6.13】新山口駅の南口駅舎には、高架橋になっている新幹線の本線から地上の保守基地に出入りするための線路が付いている

駅の出入口があるあたりではパネ

ルで覆われていてわかりにくいが、その左右だとハッキリわかる。じつはこれが、新山口保守基地に出入りするための線路だ。

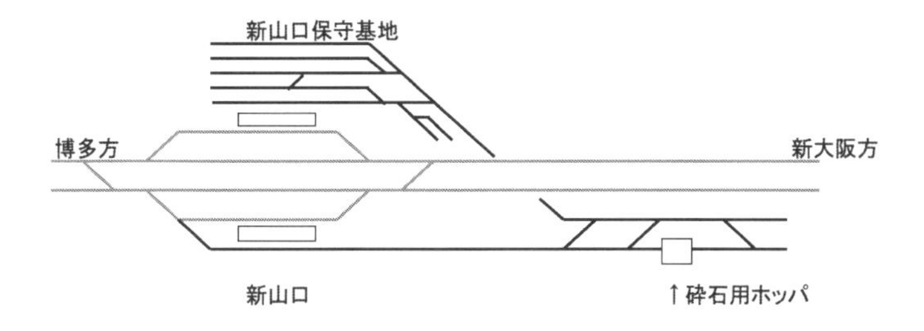

【図6.14】本線と保守基地線の配線。高架の本線はグレー、保守基地線を黒で表記した

上の図にある「砕石用ホッパ」とは、バラストとして枕木の下に入れる砕石を受け入れて、保管しておくための設備。ダンプカーで運んできた砕石はベルトコンベアでホッパに運び上げて貯留しておく。

そして、必要になったらホッパの下に道床交換作業車を入れて、溜(た)めてある砕石をザーッと降ろすしくみ。地味な施設だが、乗り心地の良い軌

【図6.15】新山口保守基地の東端付近にある砕石用ホッパ。砕石はダンプで運び込んで、地上からベルトコンベアでホッパの上に上げる。写真ではちょうど、その下に道床交換作業車が入っている

道を維持するためには不可欠な施設である。

本線と大きく離れた位置にある鷲宮保守基地

新幹線の保守基地は、資材搬入の便を考慮して、在来線の線路に隣接する場所に設けることが多い。ことにレールみたいな長尺（ちょうじゃく）モノは、トラックで運ぼうとするといちいち警察に許可を取らなければならないので、貨物列車で運び込むほうが好都合なのだ。

ところが、在来線と新幹線が近接した好立地の場所に保守基地を置こうとしたら、事情があって用地を確保できなかった、なんていうこともある。

そこで面白いことになっているのが、東北新幹線の鷲宮（わしのみや）保守基地。東北本線（宇都宮線）の東鷲宮駅・南東側に隣接しており、ときどき一般公開されるので「知っている人は知っている」施設である。

ところが、ここは新幹線の保守基地であるにもかかわらず、周囲を見回しても新幹線の線路がない。じつは、保守基地の東端にある高架橋が南東方に延びて、東北新幹線の本線とつながっている。

その引込線は本線まで、だいたい1kmぐらいある。東北新幹線の下り列車に乗って左手の車窓を見ていると、大宮を発車してからしばらくして、左手に架線のない高架橋が分かれていく。それの行先が東鷲宮保守基地だ。

ただし、基地自体は地平にあるので、まず南端の引上線に入れて、そこからスイッチバックして高架橋に上がる、という手のかかることをしている。

資材搬入の便、そして新幹線の本線に近い場所、と考え

【図6.16】鷲宮保守基地を敷地外から。左手にある行き止まりの高架橋が、東北新幹線の本線から延びてきた引込線。ここまで来たら、いったんスイッチバックして地平に降りる

ると、東北新幹線と東北本線が交差している久喜(くき)駅付近が保守基地の理想的な立地となるがそこでは用地を確保できなかった。しかし、在来線に隣接していないと資材搬入に困る。そこで、小山(おやま)方隣の東鷲宮に保守基地を置いて、そこから新幹線の本線まで引き込み線を延ばすことになったわけだ。

『貨物時刻表』を見るとわかるが、東鷲宮行きの臨時レール輸送列車が設定されている。

この列車の発地はなんと、鹿児島本線の黒崎だ。日本で鉄道用のレールを作っている工場が、日本製鉄の九州製鉄所・八幡地区と、ＪＦＥスチールの西日本製鉄所・福山地区、この２か所しかないので、こういうことになっている。

右手に分かれた線路が左手から合流してくる謎

路線図に載っている「線」としてはひとつでも、物理的な線路については、事情があって二手に分かれたり、それがまた合流したりということが間々ある。

上り線と下り線が大きく離れてしまう理由とは？

よくあるのは、単線区間をあとから複線化したときに、増設した線路が離れるケース。東北本線や羽越(うえつ)本線にチョイチョイ見られるパターンだ。

たとえば、筆者が実際に現場を訪れたところでは、羽越本線の村上～間島(まじま)間がある。ここでは、元からあった線路は下り線として使われており、三面川(みおもてがわ)を渡ったところで西に進路を変えて、山裾(やますそ)と海岸線の間の狭い平地を縫(ぬ)うように北上する。

ところが、あとから増設された上り線は、間島駅南方の大月地区あたりで山側に曲がり、そのままトンネルに突っ込んでしまう。トンネルの出口は三面川橋梁のすぐ北側だ。

この区間には、国道345号線の陸橋から俯瞰(ふかん)できる有名な撮影地があるが、撮影できるのは下り列車だけ。上り列車はトンネルの中だ。車内から観察すると、下り列車から見た場合には上り線、上り列車から見た場合には下り線が右手にあり、それが右手に離れたと思ったら、また右手から合流してくる。わかりやすいし、とくに変な所はない。

【図6.17】村上～間島の上り線を走る貨物列車。山側にあとから増設された線路で、写真の手前でトンネルに入る。下り線は写真でいうと左手にあり、海沿いを走る

本線の線路を乗り越す藤城線

そういう意味で面白い造りになっているのが、函館本線の、いわゆる「藤城（ふじしろ）線」。

もともと、七飯（ななえ）～大沼間の単線を上下双方で共用していたが、ここは大沼に向けて20‰（パーミル）の上り勾配がある。電車や、いまどきのハイパワー特急気動車ならなんていうこともないが、機関車牽引の貨物列車、とりわけ蒸気機関車にとっては辛い。

そこで1966（昭和41）年10月１日に使用を開始したのが、通称「藤城線」。勾配を10‰に抑える代わりに大回りすることとなり、七飯からはコンクリート高架橋を登って東方に向かうルートをとった。それが西に進路を転じ、大沼の駅よりもしばらく南方、小沼（こぬま）のあたりで既存線と合流する。

ところが、ここでは既存線の下をトンネルでくぐって西

側に出るため、地上に出た藤城線は既存線の左側に現れる。

なお、ときどき誤変換されるが、藤代ではない。それでは常磐線になってしまう。

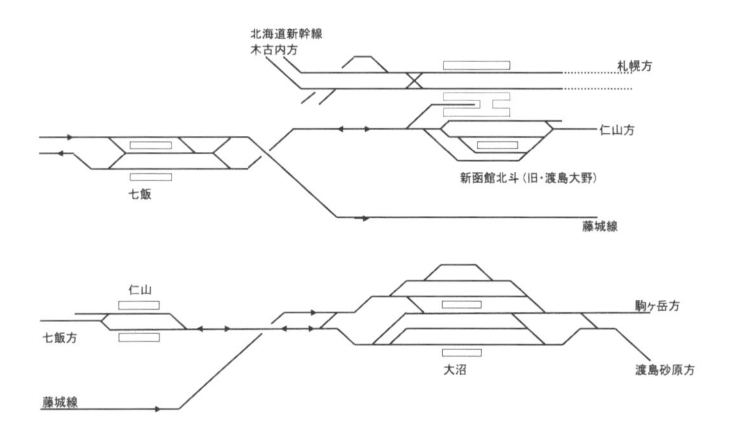

【図6.18】七飯～大沼にかけての配線略図。藤城線だけ下り専用という特徴がある

【図6.19】七飯で分かれた藤城線は、本線を乗り越して東に向かう経路をとっている

函館本線は多数の貨物列車が行き交う路線だが、下り貨物列車はもちろん藤城線を通る。かつては下りの特急「北斗」「スーパー北斗」も藤城線を通っていたが、これは2016（平成28）年３月の北海道新幹線開業に合わせてルート変更となった。

既存線の途中にある渡島大野（おしまおおの）が、駅名を新函館北斗と改めて新幹線と函館本線の接続駅になったためだ。新幹線と「北斗」を接続させるためには、そちらを通す必要がある。

その結果、七飯〜新函館北斗〜大沼間の単線は、１日に上下11本ずつの特急に加えて、定期貨物列車が上り19本、臨時貨物列車が上り７本、さらに普通列車が下り８本、上り13本、走ることとなった。結果として線路容量の余裕がなくなったのだろうか。下り普通列車のうち３本だけ、藤城線を経由している（データはいずれも2023年８月現在）。

【図6.20】藤城線は小沼付近で本線の西側に出て、小沼に面した側を通る。下りの貨物列車が走るのは、こちら

【図6.21】一方、新函館北斗を経由する特急「北斗」は隣の線路を走る。上りは全列車がこちらを通る

函館本線「8の字ルート」のメリットとは?

函館本線は、前述した藤城線が大沼の南方で合流したあと、大沼の北方で再び分岐する。海沿いの、渡島砂原(さわら)経由のルートがいわゆる「砂原線」で、これもまた、勾配緩和のために作られた大回りルート。ただし完成時期は太平洋戦争中だから、藤城線よりもだいぶ早い。

砂原線は、上り貨物列車すべてと、普通列車が下り５本、上り７本走る。一方、駒ヶ岳経由のルートは特急が上下11本ずつと、定期貨物列車が下り19本、上り７本、普通列車が下り７本、上り６本、それぞれ走る。

システム上は、どちらのルートも双方向の運転が可能である。しかし、特急は上下とも駒ヶ岳経由、貨物は下りが駒ヶ岳経由・上りが砂原線経由と、きれいに分けられている。貨物列車は勾配緩和を優先するが、勾配をパワーで乗り切れる特急は距離の短さを優先するので、こうなる。

一方、普通列車は駒ヶ岳経由と砂原経由のどちらも上下両方の運転がある。駒ヶ岳経由のルートは、函館から来て、大沼の隣駅、大沼公園で折り返す列車が1往復ある。

この、双方向の運転が可能になっている点が活きたのが、2023（令和5）年8月に発生した輸送障害。駒ヶ岳の構内で分岐器不転換が発生したため、下りの特急「北斗15号」を駒ヶ岳経由から砂原経由に切り替えた。トラブル解決まで手前で待たせるよりも、大回りしてでも先に行かせるほうがよいと判断したわけだ。

鉄道配線こぼれ話

大沼公園と西留辺蘂は何が違うのか?

大沼公園の現在の配線を見ると、ただの棒線駅である。それなら「終点の先に消えていく列車②」(53ページ参照)で取り上げた西留辺蘂と同じではないか？　西留辺蘂では折り返しができないのに、どうして大沼公園折り返しの列車があるのか？　と思いそうになる。

じつは、信号システムの観点からすると、大沼公園は独立した場内を持つ「停車場」となる。実際、駅の手前に場内信号機、駅の先に出発信号機があり、列車の進行方向を指定して進路を構成するようになっている。

一方、西留辺蘂は単なる停留場。列車の進行方向を指定して進路を構成できるのは、隣駅の金華（現在は信号場）と留辺蘂だけである。だから折り返すことができないのだ。

新函館北斗駅のホーム使い分けはどう変わった？

これはミステリーでもなんでもないのだが、本章で取り上げている区間の中途にある新函館北斗における、ホームの使い分けについても取り上げておきたい。

新函館北斗では新幹線と在来線の同一平面乗り換えが取り入れられた。在来線駅の南側に新幹線の駅を新設、そのうち上り線側のホーム（11番線）を、在来線で旧駅舎に直結していたホーム（１・２番線）とつないでいる。

ただし、境界部分に中間改札がある。なお、１番線は新幹線連絡列車「はこだてライナー」専用で、行き止まりだ。

新幹線は到着・出発で完全に番線を分けており、東京方から到着する下り「はやぶさ」は全列車が12番線に到着、降車後は車両基地に引き上げる。

【図6.22】新函館北斗の1番線で待機する「はこだてライナー」。この1番線と隣の2番線は、北海道新幹線の上りホームと同一平面

一方、東京方に向けて出発する上り「はやぶさ」は、車両基地から出庫してきて11番線に据え付ける。

したがって、新幹線と在来線の同一平面乗り換えが可能な組み合わせは、函館との間を行き来する「はこだてライナー」と、札幌方から到着する函館行きの特急「北斗」となる。

一方、函館から札幌に向かう特急「北斗」は、必ずしも２番線に着けるとは限らず、３番線に着けることもある。

前述のように、到着する下り「はやぶさ」はすべて12番線、つまり乗り換えのために跨線橋に上がらなければならないホームに着くので、２番線に着けても、あるいは３・４番線に着けても、旅客の立場から見れば上下移動が必要になることに変わりはない。階段を降りる先のホームが違

【図6.23】新函館北斗の3番線から出発する、札幌行きの下り「北斗」。新幹線の駅は右手にある

【図6.24】新函館北斗の2番線に進入する、函館行きの上り「北斗」。こちらは新幹線との同一平面乗り換え

うだけだ。

昔の写真を見ると、２番線と３番線の間にはホームのない中線（なかせん）があった。北海道新幹線の開業に際して函館からここまで電化したが、その際に中線をつぶして、電化柱を立てている。

鉄道配線こぼれ話

上り「北斗」と「はやぶさ」に見る接続の工夫

在来線は新幹線と比べると、遅延が発生する原因が多い。しかも北海道だ。冬季の降雪に加えて、野生動物との衝突も多発する。

もしも新幹線に接続する「北斗」が遅れて、接続相手の「はやぶさ」が発車を待つと、発車の遅れを東京まで持ち越す可能性が出てくる。そうなれば、他の東北新幹線の列車のみならず、東京～大宮間の線路を共用する上越新幹線や北陸新幹線にも影響が及びかねない。北海道のダイヤ乱れが金沢まで波及するとなったら大変だ。

そこで、上り「北斗」と「はやぶさ」の接続時間に余裕を持たせるだけでなく、両者を優先的に同一平面上で乗り換えられるようにして、遅延の原因を減らしている。函館方面の「はこだてライナー」にも同じことがいえそうだ。

索引

【わ】

井上孝司——いのうえ・こうじ
1966年、静岡県生まれ。99年にマイクロソフト株式会社(当時)を退職して著述業に転じる。現在は、得意の情報通信系や先端技術分野を主な切り口として、鉄道・航空・軍事関連の著述活動を行っている。著書は「第35回交通図書賞一般部門」で奨励賞を受賞した『配線略図で広がる鉄の世界』のほか、『車両基地で広がる鉄の世界』『ダイヤグラムで広がる鉄の世界』(以上、秀和システム)など多数。『新幹線ＥＸ』(イカロス出版)をはじめ、雑誌への寄稿にも注力している。

図説 鉄道配線探究読本

2023年11月20日　初版印刷
2023年11月30日　初版発行

著者——井上孝司

発行者——小野寺優

発行所——株式会社河出書房新社
〒151-0051 東京都渋谷区千駄ヶ谷2-32-2
電話(03)3404-1201(営業)
https://www.kawade.co.jp/

企画・編集——株式会社夢の設計社
〒162-0041 東京都新宿区早稲田鶴巻町543
電話(03)3267-7851(編集)

DTP——イールプランニング

印刷・製本——中央精版印刷株式会社

Printed in Japan ISBN978-4-309-29356-1